Por los caminos de la investigación
Un enfoque constructivista

Antología personal

Por los caminos de la investigación
Un enfoque constructivista

Antología personal

Jorge Luis Cruz Pérez

Primera edición, 2018

D.R. ©2018, Instituto Superior de Investigación en Ciencias de la Educación, A. C.
Calle Miguel Hidalgo 808-A, Zona Centro
92200 Chontla, Veracruz
isice73@gmail.com

ISBN: 9781728883540

Impreso y hecho en México
Printed and made in Mexico

Índice

Notas del editor.. 7

Primera Parte: Eje Teórico Metodológico

Construcción del objeto de investigación...................... 13

Problemas básicos que debes enfrentar al diseñar tu investigación.. 37

El acceso a la información necesaria: principales problemas de la etnografía... 41

Ideas básicas relativas a los diseños experimentales.......... 45

Elementos teórico-metodológicos que deben considerarse en la observación participante y los problemas que implica. 49

Segunda Parte: Eje Epistemológico

El inductivismo: la ciencia como conocimiento derivado de los hechos de la experiencia.. 81

El paradigma de la complejidad.. 93

Transmitir un oficio... 119

Comprender, explicar y juzgar.. 127

Tercera Parte: Eje Operativo Instrumental

Profundización teórica, metodológica y práctica……..….. 159

Sobre la artesanía intelectual……..………………………..… 173

La planificación de un proyecto…………..……………....... 221

Límites del dispositivo y de su empleo……………….…... 225

Notas del editor

En mi cabeza pululaban: notas del autor o notas del editor, como preámbulo a mi Antología personal *Por los caminos de la investigación: un enfoque constructivista*. Decidí: notas del editor, porque lo que aquí van a encontrar los lectores son textos editados [1], en un alto porcentaje, de ilustres metodólogos, epistemólogos e investigadores en ciencias sociales. Deseché notas del autor, porque si bien soy el autor de esta *Antología personal*, el contenido de los textos es autoría de otros.

El origen de esta Antología es la academia, a la que dediqué muchas horas coordinando cursos y seminarios de investigación en universidades, escuelas normales, institutos y centros de investigación. Le di el calificativo de *personal* porque son mis herramientas de trabajo como investigador y como tutor de investigadores en formación. Mi intención: hacer una herramienta de trabajo académico reflexivo, distinto a los manuales de metodología de la investigación.

Los tres ejes que estructuran esta Antología, muestran los caminos que se recorren en toda investigación y han de recorrer quienes se inician en ella: el camino teórico metodológico, el epistemológico y el operativo instrumental.

---

[1] Algunos de los textos que aquí presento, en su edición original, hacían referencia a la investigación en educación y los edité para que puedan ser utilizados por investigadores de otros campos científicos.

En el camino teórico metodológico, me guían textos de (Hidalgo Guzmán, 1992), (Shagoury Hubbard & Millar Power, 2000), (Hamersley & Atkinson, 1994), (Blalock) y (Sánchez Serrano, 2001). Estos textos los edité para uso personal.

En el camino epistemológico me guían textos de (Chalmers, 2001), (Morin, 1994), (Bourdieu & Wactan Loic, 1995) y (González, 1988). Esto textos no los edité, los integré a esta Antología en su edición original, dado que no tuve necesidad de ello en mi uso personal.

Y en el camino operativo instrumental me guían textos de (Trognon, 1989), (Wright, 2003) y (Booth, 2001). El único texto que no edité, que conservó su edición original, es el de Wright.

Superé mi manía académica de comentar texto por texto en este mini preámbulo, para reservar al lector el placer de encontrarse como sujeto epistémico.

Bibliografía

Blalock, H. (s.f.). *Investigaciones experimentales en ciencias sociales.*

Booth, W. (2001). *Cómo convertirse en una hábil investigador.* Barcelona: Gedisa.

Bourdieu, P., & Wactan Loic, J. (1995). *Respuestas por una antropología reflexiva.* México: Grijalbo.

Chalmers, A. (2001). *¿Qué es esa cosa llamada ciencia?: una valoración de la naturaleza y el estatuto de la ciencia y sus métodos.* México: Siglo XXI.

González, L. (1988). *El oficio de historiar.* Zamora: El Colegio de Zamora.

Hamersley, M., & Atkinson, P. (1994). *Etnografía.* España: Paidos.

Hidalgo Guzmán, J. L. (1992). *Investigación educativa. Una estrategia constructivista*. México: Carlos Castellanos.

Morin, E. (1994). *Introducción al pensamiento complejo*. Madrid: Gedisa.

Sánchez Serrano, R. (2001). *Observar, escuchar y comprender sobre la investigación cualitativa en la investigación social*. México: COLMEX-FLACSO.

Shagoury Hubbard, R., & Millar Power, B. (2000). *El arte de la indagación en el aula*. Barcelona: Gedisa.

Trognon, A. (1989). *Producir datos más que una complementariedad*. Madrid: Narcea.

Wright, M. (2003). *La imaginación sociológica*. México: FCE.

Primera Parte:
Eje Teórico Metodológico

Construcción del objeto de investigación

La condición necesaria que hace posible la investigación, es el cuestionamiento de la realidad, el preguntarse sobre la legitimidad de las acciones o la validez de las explicaciones, es decir, partir de la realidad concreta y su problematización.

Preguntas iniciales, cuestionamiento y problematización de la realidad

Cuando hablamos de preguntas iniciales de un proceso problematizador de la realidad, nos referimos a las que expresa el sujeto como disposición voluntaria para hacer investigación.

Las preguntas iniciales se sostienen en supuestos, creencias y prejuicios, a la vez que expresan romanticismo, ingenuidad o apresuramiento a lograr soluciones prácticas.

Con la palabra cuestionamiento nos referimos a ciertas interrogantes que el sujeto hace a los contenidos y al sentido de sus preguntas iniciales, cuando en una actitud más crítica y reflexiva se reconoce en los problemas, se incluye en el ámbito del cuestionamiento.

Cuando hablamos de problematización suponemos un proceso de análisis, traducción y estructuración, efectuando sobre las preguntas iniciales y los cuestionamientos, cuando establece relaciones significativas y se rescata la complejidad de los hechos, los procesos y las situaciones relacionadas, a través de un ejercicio crítico de sus saberes[2] y desde ciertos referentes teóricos.

La distinción en los niveles de interrogación no es un formalismo ni sale sobrando, pues el preguntar, sin remedio, se hace sobre supuestos aceptados como válidos y ciertos, el cuestionar sugiere un develamiento de relaciones que suele trastocar los supuestos iniciales, en tanto el sujeto se reconoce en lo cuestionado; por su parte el problematizar supone enriquecimiento de los horizontes referenciales a través del uso crítico de saberes y referentes teóricos, digamos que el sujeto asume y se asume en los problemas.

Cuestionar la generalidad y el carácter prescriptivo de supuestos teóricos desde la situación cotidiana y la experiencia del sujeto

Esta línea problemática de la investigación tiene inicialmente un carácter general, ya que parte de la confrontación de dos campos complejos y ciertamente extensos. Se sabe que la posibilidad de cuestionar exige un cierto dominio de la teoría y una vasta experiencia, para hacer de la relación teórico-experiencia un objeto de reflexión.

Tal vez la mayor dificultad radica en la confrontación de dos realidades de distintos estatutos o legalidades y que si bien se asumen no contradictorios o en ocasiones hasta complementarios, lo cierto es que la experiencia suele desmentir o desnudar las pretensiones prescriptivas de las versiones teóricas. También suele suceder que se asuman como campos separados, ante los cuales el sujeto elige los criterios de su conducta o bien desde su experiencia (que es lo más usual) o también se justifica en opiniones teóricas, hecho que dificulta la reflexión del nexo

---

[2] Al hablar de saberes nos referimos a esa manera aguda de interpretar, indagar y pensar en la diferencia desde referentes teóricos.

teoría experiencia, de cualquier modo resulta complicado y muchas veces aventurado poner en duda la veracidad teórica, mediante el simple contraste con la experiencia.

La posibilidad del cuestionamiento de la teoría reclama en principio superar y oponerse a la sacralización que históricamente se ha hecho del conocimiento teórico. También exige una verdadera actitud crítica frente a la propia experiencia.

Las investigaciones que resultan del cuestionamiento de algunos supuestos teóricos son de manera particular importantes, pues incluyen en el terreno de la crítica, esos criterios de verdad que se basan en la generalidad, y que se traducen en prescripciones que niegan la libre acción de los sujetos, dicho de otro modo, constituyen acontecimientos inaugurales de un nuevo enfoque de la investigación, desde la situación cotidiana y la experiencia del sujeto, lo que por sí mismo expresa revaloración de sus saberes y del conocimiento cotidiano, en cuanto que cuestionar la veracidad de las tesis generales conduce a la construcción, explicaciones específicas en y desde la situación cotidiana del sujeto.

Otro aspecto importante de las investigaciones que se ubican en esta línea, es que al cuestionar los supuestos teóricos y los teoremas generales, se está quebrantando su uso prescriptivo.

Un riesgo al parecer difícil de evitar es que al cuestionar un supuesto teórico general y su uso prescriptivo, se realizan investigaciones cuyos productos son curiosamente usados en la misma lógica del deber ser. Ante este posible error, subrayamos que una investigación es un proceso constructivo de explicaciones que dan cuenta de la especificidad de los hechos y no su apresurada trascripción a reglamentos y prescripciones.

En esta línea problemática para la investigación, es fundamental el papel de la teoría, su estatuto positivo explicativo o prescriptivo formal, su compleja relación con la experiencia del sujeto, la emergencia de otros cuerpos teóricos a partir de la confrontación, los criterios de veracidad relativa de los teoremas que suelen traducirse en certidumbre que obstaculizan la reflexión y el análisis crítico, los criterios de trabajo que pueden apoyarse en el uso crítico de la teoría o en su uso formal o deductivo, la lógica de los discursos teóricos y el carácter cambiante de la realidad.

No basta la voluntad, pues la posibilidad de problematizar la teoría, supone una apropiación real de ella y no un manejo superficial o de oídas.

Cuestionar la irrelevancia de lo cotidiano, como vía de acceso a la especificidad

En cierto sentido, esta línea de investigación puede considerarse un caso particular de la anterior, en tanto que se acude a la experiencia cotidiana del sujeto; pero en este caso, el cuestionamiento de la generalidad de alguna proposición teórica no es el punto de partida, sino más bien un resultado, más aún, lo que suele ocurrir es que esa proposición teórica sea resignificada y no desmentida.

Ante el deber ser basado en la teoría se contrapone un propósito de saber cómo ocurren en realidad las cosas; lo que es y cómo es, en lugar de cómo deberían ser los hechos; acceder a la positividad de los actos protagónicos en su acontecer, como base de la explicación y en su caso de su posible transformación.

Se puede advertir que la búsqueda de caminos para acceder a compleja positividad de los hechos, incluye dos categorías que remiten a la experiencia: protagonismo y cotidianidad. En efecto estos conceptos convergen a la explicación de cómo realmente viven su experiencia los sujetos y cómo a través de ésta se constituyen y realizan. De esta tesis se desprenden varias reflexiones.

a) La primera es que la relevancia de lo cotidiano y la disposición crítica ante ése, conduce al camino de lo inadvertido; aproxima a una noción de la realidad opuesta a la idea de que es el acontecimiento lo significativo y lo definitorio de la vida, dicho en otras palabras, asumir la cotidianidad como situación importante en el ser y el conocer del sujeto en situación, nos pone frente a los indicios y a las huellas de los actos sociales, en los que ocurre "naturalmente" el protagonismo, mientras que la noción de acontecimiento como ruptura de las tendencias "inertes" de la cotidianidad, subordina las acciones de los protagonista a los actos monumentales y decisivos de quienes representan y dirigen.

b) Otra reflexión que sugiere esta línea problemática, apunta a la controvertida objetividad atribuida al sujeto investigador. Es cierto que hacer explícita la intención de romper con las prescripciones teóricas, es ya ponerse en el camino de los hechos positivos; sin embargo, no se puede inferir que la mera intención resuelva el viejo problema gnoseológico de la objetividad. Un error metodológico es suponer que hacer de la cotidianidad el campo de investigación, per se conduce a la conquista de la objetividad en el conocer, sólo bastaría para ello que el sujeto se desprenda de valores ideológicos, referencias teóricas y posiciones sociovidentes. Hoy este error ha dejado de ser un punto de controversia ante las ilusiones objetivas desmentidas por la realidad, pues es sabido que el sujeto conoce en situación, no puede concebirse como un individuo abstracto o al margen de una situación concreta en el acto de conocer. No obstante que las ilusiones objetivas han sido casi derrumbadas, ello no quiere decir que los problemas que derivan de la relación investigador-vida cotidiana, o del papel de la teoría en la interpretación de los hechos han sido completamente superados.

c) Una tercera reflexión –recíproca de la anterior– consiste en la necesidad de repensar el estatuto de la realidad, esto es, no asumirla sólo en su materialidad y existencia independiente del sujeto, sino pensarla también en su dimensión subjetiva, en cómo ésta permea y configura culturalmente los ámbitos naturales. El sujeto existe en situación y ésta es en parte la realización cultural del sujeto. Esta aseveración es en cierto modo otra manera de decir que la positividad de los hechos reales puede ser aprehendida desde la convergencia conceptual del protagonismo y la cotidianidad.

d) La última reflexión que sugiere esta línea problemática de investigación es que el protagonismo cotidiano permite enriquecer la concepción de lo investigado.

En las anteriores reflexiones se acudió a dos proposiciones que es pertinente explicitar:

a) Una es que las investigaciones que se proponen "documentar lo no documentado" de la acción cotidiana de los protagonistas en sentido estricto, se conduce en base a un objetivo central: recuperar al sujeto real, cuya acción constituye la positividad de los hechos; suele decirse recuperar empíricamente al sujeto.

b) La otra es que la positividad de los hechos, en la que se funda la noción de lo cotidiano, refiere a dos procesos inseparables; consustanciales, por así decirlo, la objetivación concreta y práctica de la vida subjetiva de los protagonistas, y la subjetivación que éstos hacen de su relación activa de los hechos objetivos y la confrontación de sus prácticas concretas.

Hasta ahora hemos mencionado que cuando se inicia una investigación, digamos en la primera fase de la construcción del objeto de estudio, se parte de un conjunto de preguntas para elaborar un problema real que haga posible la construcción de explicaciones o en su caso la generación de nuevas concepciones teóricas. Sin embargo, no hemos atendido al detalle en qué consiste el proceso de problematización. De entrada decimos que este proceso es estructurante, ocurre a través de la construcción de una estructura analítico-conceptual que se elabora sobre la base de las relaciones que están presentes en las preguntas.

La noción de una pregunta

Las preguntas cotidianas se resuelven naturalmente: las dificultades se van salvando y de algún modo se sobrevive y hasta se puede generar un buen ambiente de trabajo.

El preguntar adquiere un sentido distinto cuando el sujeto expresa una voluntad de saber y por lo tanto profundiza sus cuestionamientos y toma conciencia de que en cierto sentido no hay respuestas fáciles ni inmediatas, esto es, cuando hace de su cuestionario un objeto de reflexión y análisis para incorporarlos a su campo de expectativas e intereses.

La actitud crítica del sujeto es decisiva para que sus preguntas se incorporen al campo de intereses y expectativas que le dan sentido a su vida. Planteado así el asunto, el sujeto se ubica en un campo de investigación de la realidad – distinto del campo del conocer cotidiano- cuando manifiesta su voluntad de saber y sus preguntas las considera en el campo de reflexión y análisis, para incorporarlas a sus intereses y expectativas.

En primer término se tienen las preguntas sustentadas en supuestos asumidos como algo natural, evidente e incuestionable y por ello no son en principio advertidos como algo importante, esto es, las preguntas iniciales se formulan de tal manera que los prejuicios y creencias se mantienen como ciertos y válidos; no se advierte la más mínima sospecha de su veracidad, y otras en las que es fácil advertir que se apoyan en una creencia o en un prejuicio, sin cuestionarlos. Se puede sostener que las preguntas iniciales, no obstante que se plantean ya con propósitos de hacer investigación, siguen ubicándose en las dificultades técnicas y los conflictos personales que se consideran relevantes en el acontecer cotidiano.

Las preguntas que no rompen con los prejuicios (preguntas prejuiciosas), apuntan a la mera importancia de los hechos y no a la indagación de su positividad y especificidad; otras preguntas que tampoco superan los prejuicios y creencias –las que podemos denominar románticas- asumen el acontecer real desde un sentido perfectible, apresurando juicios para el mejoramiento antes de conocer y discurrir sobre la naturaleza de los obstáculos y dificultades; las últimas preguntas prejuiciosas son de tipo prescriptivo y suponen la realidad normada, al contrario de entender que en la realidad hay actos normativos que no se corresponden necesariamente con los hechos, así se preguntan cómo debe darse la adecuación de actos, cuya naturaleza es realmente distinta y hasta contradictoria.

En segundo término, se tienen esos cuestionarios que han superado los prejuicios del romanticismo, los que derivan de contrastar o desmentir las creencias aceptadas en un entorno cultural con relaciones de dominación fuertemente arraigadas y que se sustentan en la lógica predicativa o formal.[3]

Sin embargo, esas preguntas si bien se elaboran con base en una lógica relacional, no son las que harían posible rescatar la complejidad de la situación, en tanto que reducen su lógica sólo a relaciones inscritas en la determinación, con algunos matices como influencia, condicionamiento o presencia de factores causales. Desde esta perspectiva, la investigación se entiende como un descubrir algo hecho, con características inmanentes, ante la cual sólo se exige una mirada aguda en la observación sistemática. Estas preguntas –que podemos denominar deterministas- derivan en correlaciones positivas o negativas, a manera de hipótesis.

Un tercer conjunto de preguntas, resultan de enriquecer el espectro de características que pueden tener las relaciones. La manera de buscarle nuevos sentidos a las relaciones o significaciones particulares a las situaciones relacionadas, aunque un tanto formal pues resulta de una especie de combinatoria, de todos modos constituye un campo más propio para la discusión y la construcción de estructuras analítico conceptuales y por ende, para la problematización.

Dada la pregunta inicial de tipo determinista, se procede a diversificar el sentido causal que la sustenta y obtener preguntas más sugerentes; posteriormente se eligen aspectos de las situaciones relacionadas que hacen más específica la interrogante.

El cuarto conjunto de preguntas que deseamos discutir son las indiciarias [4]. Estas son las que hacen posible

---

[3] En las que se pueden apreciar relaciones entre dos hechos o situaciones.

asumir y superar las nociones, creencias, prejuicios, experiencias y conocimientos cotidianos, en tanto que resultan de mirar con agudeza, presenciar los hechos y pensarlos en la diferencia; de advertir rupturas en la aparente continuidad o "picos" en la regularidad; de significar lo peculiar en lo común y general, como tonalidades raras dentro de un indefinido color dominante de la realidad.

Las preguntas indiciarias y las que resultan de relaciones y situaciones relacionadas, pueden efectivamente dar lugar a la construcción de estructuras analítico-conceptuales y a un proceso problematizador.

El papel de la pregunta en el proceso problematizador

Un problema difiere de la simple pregunta. Si ésta relaciona de modo prejuicioso, romántico, apresurado, prescriptivo o determinista dos hechos o situaciones particulares, el problema por su parte ha de englobar un conjunto complejo de relaciones en el que es posible asumir un hecho o una situación como específica y entender las demás como un contexto; si la pregunta se genera desde las creencias, prejuicios, experiencias y conocimiento cotidiano del sujeto, el problema por contraste es el resultado de un trabajo serio de reflexión y análisis; si la pregunta se elabora desde las nociones y representaciones; el problema en cambio se construye con base en categorías o en conceptualizaciones posibles; en suma, si la pregunta relaciona al sujeto con su situación de modo superficial; el problema, implica la

---

[4] El indicio es como la coincidencia buscada de dos agujeros, el que hace posible que el sujeto vea mejor su entorno y el que descubre un trasfondo en el ropaje superficial de las cosas: "quitarse la venda de los ojos y desgarrar los disfraces de la realidad".

existencia de un proceso de apropiación, comprensión y construcción de un posible objeto de investigación.

Es en este sentido, que afirmamos que el planteamiento del problema es la delimitación específica en un campo problemático. Por ello es un momento decisivo para la elaboración de un proyecto de investigación, en tanto que se conjuga intencionalidad y voluntad de saber por parte del sujeto; inteligibilidad y construcción posible del objeto de investigación.

La idea de problema que hemos sugerido en el párrafo anterior nos permite incursionar en el proceso de la problematización, esto es, en la construcción de la estructura analítico-conceptual.

Los rasgos característicos de un campo problemático son:

a) Que se estructura con base en un conjunto de relaciones interrogantes, mismas que son significadas por el investigador para asumir una de ellas –o una cadena asociativa- como la situación central, en este acto, la significación del sujeto se efectúa como la designación provisoria de la especificidad y su contexto.

b) La estructuración de las relaciones, la designación de la centralidad y su contexto, son actos de reflexión y análisis, tanto del sentido de las relaciones como del contenido conceptual de las situaciones que se relacionan: superar las nociones, los prejuicios y creencias, reconocer el carácter de las experiencias y la distancia entre el conocimiento cotidiano y las categorías que pueden confrontarse con los referentes empíricos, para acceder –en el marco de la inteligibilidad del proceso- a una posible explicación de la realidad problematizada.

Planteamiento del problema o su delimitación específica en el campo problemático

Retornemos a los comienzos del proceso problematizador para hacer significativo el trabajo con la estructura analítico-conceptual. Las razones de este retorno reflexivo refieren a la necesidad de asumir la situación concreta del sujeto como criterio fundamental, la apreciación que hubiese hecho de los acontecimientos propios de su situación, y cuya versión inicial está en las preguntas, cuestionamientos y organización peculiar de la estructura analítico-conceptual.

Las primeras limitaciones que suele encontrar el investigador en su trabajo con la estructura analítico-conceptual son: la imprecisión de los términos usados para referirse a la situación o los acontecimientos; la pobreza conceptual de esos términos que manifiestan el sentido común desde el cual el sujeto habla de sus problemas; la incompletitud de la estructura, pues las preguntas dejan de lado relaciones importantes y en ocasiones decisivas. En fin, palabras equívocas, expresiones de sentido común, unilateralidad, parcialidad, ausencias significativas, constituyen las ineludibles dificultades que hay que superar.

A partir del párrafo anterior es sugerente discutir otros puntos de la estructura analítico-conceptual. La noción que de ésta se tiene, puede ser decisiva en su análisis; así pues, anotemos algunos sustentos de este trabajo analítico. Vale empezar con la naturaleza lógica de la estructura conceptual. Veamos: el sujeto se interroga de y desde su situación particular. Parafraseando a Piaget. Se tiene que el sujeto opera con la realidad, construye estructuras conceptuales, estructurando desde sus referentes cotidianos. Por ello, sus preguntas prefiguran o dan contenido y sentido a las relaciones;

expresan desde el sentido común las condiciones de existencia de los hechos; pero estos tienen sus protagonistas que se presentan a través de sus prácticas reales (relaciones objetivas) y la manera como se asumen a sí mismos y a sus prácticas, de cómo significan o dan sentido a los hechos por ellos protagonizados (relaciones intra e intersubjetivas). Ahora bien, el sentido de las relaciones objetivas y subjetivas derivan de un contexto situacional al que se remite el sujeto que interroga con el propósito de hacer comprensible los hechos.

Un resumen de lo anterior nos permite prefigurar la composición general de una estructura analítico conceptual, como una configuración significativa y comprensible de relaciones con sentido referido a un contexto y en condiciones reales de existencia, esto es, la estructura que se construye desde el cuestionario que el investigador se hace en y de su situación particular, incluye necesariamente: sujetos protagonistas, acontecimientos positivos asociados a sus prácticas reales, procesos propios de la peculiar asunción subjetiva de su protagonismo, tópica o conjunto de relaciones, condiciones concretas y contexto situacional.

Ubicación temática del problema específico

El trabajo concreto de la denominación temática remite precisamente a distinguir la categoría, la relación o la cadena de relaciones que se asume como central, y que en principio se supone que es una primera aproximación a la especificidad del hecho problematizado. Con base en la discusión anterior se tiene que esta primera aproximación refiere a cierto papel de los sujetos, a un acontecimiento y determinados procesos que protagoniza, lo que configura una tópica significada desde un contexto definido.

Al proponer la centralidad de la estructura analítica conceptual, también estamos especificando el sentido de la relación central con el campo contextual que configuran las demás relaciones. Una primera recuperación del proceso es considerar si en la estructura analítico-conceptual están presentes varios hechos que remiten a una tópica precisa, o si las relaciones responden a tópicas o dimensiones situacionales distintas. La indicación del problema específico y su contexto no responde a una razón establecida, sino que es convencional y arbitraria, en tanto que remite al sujeto que pretende investigar en su situación particular, misma que no es única, ni preestablecida y menos privilegiada. Aquí queremos advertir que si la estructura analítico-conceptual se corresponde con una situación –y por ende en una tópica o dimensión- entonces la contextualización de la relación específica da significatividad y sentido, hace comprensible y operable la estructura analítico-conceptual; mientras que la presencia de situaciones con distintas tópicas o dimensiones complica el proceso y reclama posteriormente la división de la estructura en dos o más, lo que exigiría una cadena muy larga de mediaciones para reestablecer la correspondencia con la estructura inicial y en tal caso, hace imprecisa y confusa la problematización.

Aclaremos antes de avanzar, que cuando hablamos de una situación con una única tópica o unidimensional, nos estamos refiriendo a relaciones que expresan un acontecimiento o una tendencia de carácter social o macro o bien prácticas concretas discursivas, profesionales, sapienciales de los protagonistas de un acontecimiento, o también, una actividad intersubjetiva o de carácter psicológico. En cambio, cuando nos referimos a varias situaciones de dimensiones y tópicas distintas, hasta cierto punto estamos asumiendo un contexto complejo, digamos, incorporar el terreno psicológico en los procesos de los sistemas burocráticos para la toma de decisiones de política educativa, de evidente dimensión macrosocial.

Ahora bien, la estructura analítico-conceptual es un conjunto de relaciones, éstas se configuran con situaciones, hechos, procesos, sujetos y contextos designados con ciertos sustantivos. El contenido y el sentido de los nombres asignados se asumen también como temas de reflexión. Aquí de lo que se trata es de precisar el estatuto teórico o su contenido empírico; su carácter de categoría de un cuerpo teórico, de una noción de proceso de conceptualización, de un supuesto cuestionado para ser repensado o de un dato de la experiencia. El sustantivo asumido como categoría central –aunque puede ser una noción, un supuesto o un dato- es también un criterio para la ubicación temática, pues el estatuto se refiere al grado de desarrollo teórico que revela la estructura analítico-conceptual que se generó desde las preguntas del sujeto en situación; esto es, el problema planteado puede tener antecedentes de trabajo teórico o puede ser digamos algo inédito; es posible que remita a debates controvertidos de carácter teórico o que con él se esté inaugurando una corriente crítica hacia la teoría. De manera especial este criterio, aunque también los otros, exige una cierta recopilación de la bibliografía especializada, ciertamente no exhaustiva, pero si lo suficientemente amplia como para sentar las bases del fondo documental básico de la investigación y para discutir con seriedad la ubicación temática del problema planteado.

El trabajar con la estructura analítico-conceptual y sus componentes, con sus relaciones y elementos nominales, permite contrastar con los hechos reales, la situación y su dimensión o tópica, apreciar el estatuto de las expresiones nominativas y el grado de teorización; ponderar la centralidad y el contexto situacional, todo ello como criterio para ubicar temáticamente el problema o acontecimiento problematizado.

Recortes de la realidad: delimitación situacional del problema

Si en la discusión anterior abordamos el campo problemático y la estructura analítico-conceptual que lo hace comprensible desde su pertenencia a un cuerpo teórico, a su desarrollo y a su estatuto teórico de sus componentes, en este apartado trataremos de los recortes de la realidad que nos hace retornar a los hechos reales, a la positividad de la situación concreta.

La expresión "recorte de la realidad" sugiere o propicia una metáfora que ha obstaculizado su conceptualización; se dice recortar la realidad y se piensa de inmediato que ésta es recortable, hecho que aleja al sujeto de la noción rica y compleja de su situación, empero el asunto no queda ahí, de la recortabilidad de la realidad se desliza fácilmente a la confusión entre recortes de la realidad y los enfoques parciales y reduccionistas con los que el sujeto suele abordar los hechos, así se confunden los enfoques disciplinares: económico, político, ideológico, …

Es fácil advertir los riesgos y las dificultades que derivan de la confusión mencionada anteriormente; si de modo artificial se concibió el recorte, ello provoca separar lo político de lo ideológico o lo económico. Así, pues, en este caso la metáfora no enriquece la noción de recorte y sí obstaculiza su conceptualización. Recuperemos lo discutido en las notas introductorias sobre el sujeto en situación para repensar esta noción de los recortes de la realidad.

Señalamos en su momento que el sujeto vive y se realiza en situación, la realidad es asumida desde sus saberes prácticos y su sociovisión, unos y otra suponen no parcelas aisladas de la realidad, sino que ésta se vive en su proximidad y por las determinantes de la vida del sujeto que muchas veces llegan como noticias y cuyo impacto puede ser la inquietud y la preocupación, pues las más de las veces se significan como atentados a las certidumbres o como trastocamientos de la cotidianidad. En este momento lo que nos interesa destacar es que la situación con su complejidad constituye el contexto de lo que provoca inquietud y preocupación, misma que –y aquí está la riqueza conceptual- se vive como una situación global. De esta reflexión derivamos que el papel de los recortes de la realidad es un acto delimitante que el sujeto hace de la situación que subyace en la estructura analítico-conceptual, sin que por esta acotación queden excluidos aspectos o relaciones, más precisamente, al objeto recortado le subyacen o contiene todas las dimensiones y referentes disciplinares de la situación.

Hacer los recortes de la realidad, de cualquier forma, es un recurso de quien investiga para hacer inteligible lo que quiere explicar por la vía de la construcción, es por tanto, una fase de la construcción del objeto de investigación, tiene que corresponder a la complejidad de la situación como criterio básico. No se trata entonces de aislar o simplificar, ni de descontextualizar o reducir a una correlación del problema planteado, sino de acotarlo para hacerlo inteligible. Dicho de modo contundente: acotar y delimitar no es aislar, ni descontextualizar.

Nivel de análisis y perspectiva cultural del sujeto: posibilidades teóricas y propósitos para la especificación del problema

En la discusión de los puntos anteriores, insistimos en que el trabajo con el objeto, tanto el de la ubicación teórica como el de su delimitación positiva (recortes de la realidad), remiten al propósito concreto del sujeto para acceder y proponer una especificidad. En el caso del nivel de análisis, el tema de reflexión es la situación del sujeto, el enfoque y el estilo posible a partir de los cuales, aquél denota y connota el problema específico, esto es, el nivel de análisis remite a las posibilidades teóricas del sujeto y a los criterios dominantes o emergentes que gozan de la legitimación en la comunidad académica, mismos que pone en juego para estructurar conceptualmente el objeto de estudio, dicho de otro modo, el "tamaño" del objeto no es algo propio de éste, sino que es el resultado de la perspectiva, el enfoque, el estilo y el herramental teóricos del sujeto, perteneciente a ciertos ambientes culturales o grupos que trabajan en un campo de ciertas posibilidades teóricas.

La perspectiva cultural del sujeto remite a los propósitos y recursos culturales del presunto investigador, refiere a la intencionalidad y disposición del sujeto, esto es, a su posición cultural –político o ideológica– que expresa al significar como relevante un "ámbito" específico del campo problemático en el que se construye el objeto. De lo dicho, se puede inferir que la perspectiva cultural del investigador, en principio se expresa en el nivel de análisis, dicho con más precisión, es la expresión de las posibilidades teóricas y la intencionalidad del sujeto para hacer significativa una relación del campo problemático y de este modo objetivar específicamente un acontecimiento relevante para ser investigado.

Tenemos entonces que el nivel de análisis es una noción que remite a cierto momento de un proceso, a determinado enfoque disciplinar o dimensión, en suma, a cierto "ámbito" de la realidad en que se manifiesta el hecho problematizado y asumido como objeto de investigación; no obstante, es un acto del sujeto que depende de sus intenciones y sus posibilidades; de su ideología y sus referentes teóricos.

Pasemos ahora a las cuestiones prácticas de cómo se establece el nivel de análisis en el trabajo concreto con la estructura conceptual. Se puede decir que el procedimiento es recíproco y complementario al que se lleva a cabo en el momento de la ubicación temática, en sentido estricto son inseparables y mutuamente esclarecedores: si en la ubicación temática interesa el estatuto teórico de las categorías que conforman la estructura, al definir el nivel de análisis nos guiamos por los recursos teóricos del sujeto, por las posibilidades concretas de traducir íntegra la estructura al discurso riguroso de un cuerpo teórico. En caso de que se procese con base en dos o más teorías, es necesario que queden claras y explícitas las mediaciones entre los distintos cuerpos teóricos.

Un ejemplo: supóngase que en una estructura analítico-conceptual, dos de siete elementos nominales relacionados cumplen el estatuto teórico para ser considerados categorías fundamentales, pero que las cinco restantes no pueden traducirse –por falta de recursos teóricos del investigador– o no se quiera su traducción –por ciertas valoraciones– o también que los acontecimientos referidos aún carezcan de referentes teóricos y en todo caso se les asuma desde su noción particular, esto es, en su proximidad a la experiencia de quien investiga. En este caso, el nivel de análisis no sería teórico, más bien uno pensaría en un nivel de análisis desde la experiencia concreta que se recupera críticamente o del sentido común. Ahora, lo que deseamos subrayar es que el nivel no se determinó estrictamente desde el objeto, sino a partir de las intenciones y recursos teóricos del sujeto, esto es, no es que los referentes empíricos no puedan ser traducidos a categorías, sino que el investigador no está en posibilidades de este trabajo teórico, o bien que su perspectiva cultural no le permite incorporar la teorización en su estilo de trabajo.

Ciertamente el nivel de análisis es un acto recíproco de la ubicación temática, ambos son decisivos para la investigación que se pretende realizar, por el hecho de que confrontan al investigador con la teoría; son procedimientos de trabajo que lo ubican en sus posibilidades y capacidades teóricas; son la primera dificultad seria que se enfrenta en la construcción del objeto de investigación, pues una estructura conceptual que revela pobreza teórica entorpece la investigación, y si no es superada, la condena a la irrelevancia. Quien desea hacer una investigación no ha de evitar este problema, pues de su actitud depende la calidad de su trabajo, además porque en la confrontación con la teoría se perfila la perspectiva metodológica.

Un caso especial es el que presenta una estructura, propia de la experiencia en bruto, ante la cual es difícil acudir a un referente teórico; empero ello no impide que se haga el trabajo propuesto para establecer el nivel de análisis, pues así sea mediante recursos metafóricos, se puede aproximar a ciertos referentes teóricos. Es absurdo suponer un sujeto ateórico y una estructura ajena a la reflexión teórica.

El resultado esperado al trabajar con la estructura analítico-conceptual es, según la argumentación anterior, la delimitación específica de una relación significativa dentro del campo problemático, dicho de otro modo, el trabajo culmina con la objetivación inteligible de un verdadero problema. Uno puede proceder entonces, ya construido el objeto de investigación, a plantearse otras tareas, las que por cierto prefiguran la perspectiva metodológica: una es la definición de las líneas de trabajo, otra la redacción del trabajo efectuado a manera de retorno reflexivo que denominamos aproximación a la situación problemática, otra más es la recopilación de los documentos recopilados.

Formación y primera recuperación de contenidos del fondo documental básico[5]

Los documentos que se recopilan para formar el fondo básico responden por su temática a los elementos nominales, las relaciones de la estructura construida, esto es, a los acontecimientos, su tópica y las relaciones positivas del campo problemático expresado en la estructura misma. El objetivo es "cubrir" la situación problematizada con referentes teóricos, esto es, que la estructura conceptual se corresponda con ciertos cuerpos teóricos, que sus elementos sean referidos desde categorías con claro estatuto teórico, y las relaciones pueden ser tratadas desde esos cuerpos teóricos.

La bibliografía por su contenido puede incluir materiales informativos, tratados especializados, propuestas metodológicas, ensayos críticos, análisis para el debate, comentarios y referencias teóricas pertinentes. Su composición heterogénea se corresponde con la mayor o menor complejidad de la estructura analítico-conceptual. La perspectiva cultural del investigador no debiera delimitar la diversidad documental; una cosa es que se tengan convicciones políticas e ideológicas y otra distinta es asumir una posición dogmática. Ser abiertos en la proyección de una investigación es entender que el problema planteado remite a una situación compleja que no se cubre desde una única doctrina. A la unidad del cuerpo teórico referencial, habrá que contraponer la

---

[5] Este apartado y el siguiente hacen referencia a la definición de las líneas de trabajo o primera aproximación a la metodología.

multiplicidad de referentes que abran problemas y propicien debates.

La abundancia y la diversidad de los documentos recopilados plantean una primera tarea: su clasificación, misma que se hará con base en criterios que resultan del trabajo con la estructura analítico-conceptual. Se formarán secciones documentales en las que se agruparán documentos que tratan de las categorías, los que debaten sobre la especificidad de las relaciones, los que abordan las cuestiones metodológicas, los documentos más completos que parecen cubrir la estructura conceptual, los que enriquecen las nociones de los referentes empíricos, los que proponen procedimientos concretos, técnicas e instrumentos, los que han de cumplir el papel de contexto; también y dada la naturaleza del objeto de estudio, se agruparán crónicas, reportajes y artículos periodísticos.

Los extractos textuales y las fichas bibliográficas constituyen un segundo rostro del fondo documental básico, que lo hace significativo y apunta a la explicación del problema planteado. Con esta actividad, el fondo se "reduce", su uso es menos aleatorio y los referentes teóricos reconstruidos se corresponden más con la posible construcción explicativa de la especificidad del objeto de investigación. Lo dicho sugiere un criterio para la constitución del fondo documental básico: no se trata de recopilar para ver qué sirve; por el contrario, los documentos se recopilan en correspondencia al análisis y la reflexión que se hace sobre la estructura analítico-conceptual y las posibilidades teóricas de quien investiga.

Terminamos estas breves recomendaciones y sugerencias con la propuesta de otra actividad que se considera particularmente útil para probar los propósitos reales de quien se asume como investigador: se trata de elaborar monografías temáticas y glosarios que enriquezcan el significado y por lo tanto, el papel de la estructura conceptual. Estos primeros productos del trabajo con el fondo documental básico, pueden ser incluidos como apéndices de la redacción final de la investigación, empero, su elaboración no es algo que requiera esta argumentación, más bien remite a la necesidad del investigador por acceder a la actualidad de los debates, digamos, a colocarse en los umbrales del desarrollo teórico para que en su momento pueda justificarse el proyecto de investigación.

Elaboración de un primer escrito sobre el objeto de investigación

El contenido del escrito que resulta del retorno reflexivo al itinerario seguido por quien se propone hacer investigación, es de carácter descriptivo y esclarecedor de la realidad en la cual se generó la práctica crítica, misma que se expresó en una voluntad de saber y se concretó en la elaboración del cuestionario. Aquí se anotarán las vicisitudes de la reflexión y el análisis del cuestionario, cómo se procedió a la selección de las preguntas y qué debates provocó la exclusión de las prejuiciosas y deterministas; en su caso, cómo se formularon las preguntas indiciarias y las que se sustentaron en relaciones significativas. Las partes de este escrito responden al proceso vivido en la construcción del objeto a investigar y por ello se centran en la problematización que hubiera efectuado el sujeto en y desde su situación particular, y en el trabajo con la estructura para la delimitación.

Problemas básicos que debes enfrentar al diseñar tu investigación

¿Cuál es la pregunta del estudio?

Este es, evidentemente, el punto de partida más importante del diseño de una investigación. Con frecuencia, sirve de ayuda el escribir, en forma de borrador, las preguntas secundarias que surgen de la principal.

¿Cómo definir qué datos son pertinentes?

Hacer una lista de las preguntas que rodean a la principal, ayuda a preparar el escenario para el segundo problema, por resolver, en el diseño de su investigación: ¿qué datos son pertinentes?

Para definir entre la variedad de datos cuáles resultan pertinentes, concéntrese en el entorno y en los seres humanos que intervienen. En primer lugar, piense en los contextos. ¿En qué lugares podría recolectar datos? ¿Qué sucede en estos contextos: qué hechos ocurren? ¿Qué personas participan? ¿Qué interacciones? ¿Qué evidencias físicas (o artefactos)?

"La cantidad de datos pertinentes dependerá del alcance de su estudio".

Utilice las lentes de sus preguntas iniciales para ayudarse a observar el contexto y la gente involucrada y determine qué datos (a partir de un mundo de posibilidades) serán pertinentes. Tener presente qué desea estudiar y por qué le servirá para revisar todos los datos pertinentes con el objeto de determinar cuáles realmente ha de recoger. Miles y Huberman (1984) llaman a este aspecto del diseño "delimitación de la recolección de datos". Escriben:

Usted empieza deseando estudiar todas las facetas de un problema importante o de un fenómeno social fascinante... Pero pronto le resulta claro qué debe seleccionar. A menos que esté dispuesto a consagrar la mayor parte de su vida profesional a un único estudio, deberá conformarse con menos.

Tomar decisiones: ¿Qué datos recolectar y cómo analizarlos?

Tenga siempre presente su pregunta de investigación, pues es quien lo guiará en la recolección de datos, su análisis y presentación.

Una vez que usted posee el núcleo central (pregunta de investigación), es mucho más fácil restringir los procedimientos de recolección y análisis de datos.

¿Cómo lograr apoyo?

Ser miembro de un grupo de investigadores es una manera muy útil de relacionarse y de obtener la clase de apoyo que usted necesita. Si no puede encontrarse regularmente con este tipo de grupos, deberá hallar un colega de confianza con quien planificar en concreto una comunicación regular, preferiblemente persona a persona.

Uno de los beneficios más importantes de estas sesiones es que brindan la oportunidad de un primer borrador mental. Hablar sobre sus ideas puede servirle para formularlas con más claridad. Y encontrarse con un compañero que conozca su estudio casi tan bien como usted mismo, hace más fácil retomar por donde usted dejó, sin necesidad de explicar todos los detalles de su estudio. Puede lanzarse directamente dentro de sus dificultades o compartir el entusiasmo de observar cómo sus datos empiezan a cobrar forma.

Si las citas en persona no son factibles, dispone de otras estrategias, tales como las consultas telefónicas semanales, una correspondencia regular o la utilización de medios electrónicos. Si su localidad está conectada por ordenadores, una red de aprendizaje a distancia, o voice-mail, puede utilizar estos medios como ayuda para crear el apoyo que necesite.

Le sugerimos que tome en cuenta la planificación del apoyo al establecer los plazos para su estudio.

Los plazos fijados, claro está, son necesariamente tentativos. Cuando profundiza la pregunta, y encuentra algo que le exige adaptar el diseño para avanzar sobre un hallazgo inesperado, ciertamente debería hacerle ajustes al calendario que concibió antes. Dado que el horario tendría que ser flexible, planificar un calendario puede resultar una estrategia útil. Por supuesto, al depender de la naturaleza de la pregunta, el establecimiento de los plazos variará mucho. Su calendario quizá sea general o estructurado.

¿Cómo conseguir la autorización?

El indicador clave para decidir si necesitará conseguir la autorización para los datos que recolectará, es el futuro público de sus datos y conclusiones.

Tener autorización significa que protege la privacidad de los sujetos de investigación.

El acceso a la información necesaria: principales problemas de la etnografía

En muchos sentidos, la obtención del acceso es una cuestión totalmente práctica, envuelve una serie de estrategias y recursos interpersonales.

De la negociación del acceso a la información

Lo profano y abierto a la investigación o lo que es sagrado (tabú) y está cerrado a la investigación.

La entrada en el campo

Mientras que la presencia física en lugares "públicos" no representa en sí un problema, la actividad investigadora sí puede presentarlo. Veamos: los lugares públicos pueden caracterizarse por un tipo de interacción social. Que hace referencia a lo que Goffman (1971) califica como "desatención civil". El anonimato en los lugares públicos no es necesariamente una de sus características inherentes, éste se manifiesta en actitudes que muestran falta de interés entre sujetos, un contacto visual mínimo, un tratamiento cuidadoso de la proximidad física, etc. Existe, por lo tanto, la posibilidad de que la atención e interés mostradas por el trabajador de campo (investigador) provoquen alteraciones en estos delicados rituales de interacción. De la misma manera, gran parte de la actividad desarrollada en lugares públicos es superficial y breve. El trabajador de campo (investigador) que desee embarcarse en una observación prolongada deberá resolver el problema de la "superficialidad" y tratar de proporcionar una explicación al respecto.

Los porteros

Saber quién tiene el poder de facilitar o bloquear el acceso o quiénes se consideran o son considerados por los demás como poseedores de la autoridad suficiente para garantizar o rechazar el acceso, es sin lugar a dudas, un aspecto fundamental del conocimiento sociológico del campo.

Engañar o no engañar

Cuando la investigación se oculta tanto a los estudiados como a los porteros, el problema del acceso se "resuelve", definitivamente, siempre que no se descubra el engaño, a pesar de todo el investigador se ve obligado a convivir con las dudas morales, las angustias y las dificultades prácticas para llevar a buen término esta estrategia. Sin embargo, si la investigación se lleva a cabo sin el conocimiento o la complicidad de alguien, el trabajo de campo resultará extraño. Es mucho más normal que a algunas personas se les escondan las verdades mientras que otras se conviertan en confidentes del investigador.

Algunos autores recomiendan que se negocie la investigación explícitamente, exponiendo detalladamente las propuestas de la investigación y los métodos que serán empleados, aclarando todo desde el comienzo a todo el mundo que esté implicado. Sin embargo, ello frecuentemente no es posible y ni siquiera deseable. Dada la forma en que los problemas de investigación cambian en el curso del trabajo de campo. También existe el peligro de que la información proporcionada a las personas influya en su comportamiento hasta el punto de que los resultados de la investigación sean por ello invalidados.

Otro argumento en favor de que no se informen totalmente las intenciones de la pesquisa a los porteros desde el comienzo de la misma, es el de que, a menos que uno pueda establecer una relación de confianza relativamente rápida con alguno de ellos, éstos pueden rechazar o negar el acceso de una forma más radical de la que emplearían más adelante durante el trabajo de campo. Una vez que la gente considera que el investigador es una persona en la que se puede confiar y es discreta en el manejo de la información referente al lugar, y que, en sus publicaciones, respetará las promesas de anonimato, el acceso que anteriormente habría sido denegado inmediatamente, podrá ser ahora garantizado. A este respecto, muchas veces es recomendable no requerir desde el principio el acceso a toda la información, sino que es mejor pedirlo poco a poco, dejando la negociación sobre puntos de acceso más delicados para cuando las relaciones de campo estén más establecidas.

Sin embargo, aunque decir la "verdad total" en las negociaciones del comienzo de la investigación, como en muchas otras situaciones sociales, puede no ser siempre una estrategia adecuada y ni siquiera viable, se debe evitar en la medida de lo posible el engaño, no sólo por razones éticas, sino también porque más tarde, durante el trabajo de campo, puede volverse en contra de uno mismo.

La negociación del acceso es una cuestión de equilibrio. Las ganancias obtenidas y las concesiones otorgadas en las negociaciones, así como las consideraciones éticas y estratégicas, deben darse conforme se juzgue más conveniente, según los propósitos de la investigación y las circunstancias que la rodean.

Relaciones fáciles y relaciones bloqueadas

En una amplia variedad de contextos, los investigadores suelen destacar los recelos y las expectativas que exhiben los anfitriones como importantes obstáculos para conseguir los accesos. Tales sospechas pueden ser alimentadas por las propias actividades del trabajador de campo.

Ideas básicas relativas a los diseños experimentales

Noción simple e intuitiva del experimento ideal.

Existen una o más variables cuyo comportamiento deseamos comprender o controlar: nos referimos a ellas como variables "dependientes".

Supuesto fundamental: en los valores de la variables "dependientes" influye otro conjunto de variables, posibles causas del comportamiento de aquellas, a las que llamamos variables "independientes", sin olvidar que el mundo real puede ser mucho más complejo que lo que esta idealización simple parecería implicar.

El experimentador se da a la tarea de aislar e inferir los efectos de una o más variables independientes sobre las variables dependientes.

Aleatorización y controles sistemáticos

¿Qué es lo que se logra exactamente con la aleatorización?[6] Ella no establece un control rígido sobre ningún factor. En la práctica confiamos en que las leyes de la probabilidad produzcan distribuciones similares de todas las variables que intervienen en un experimento.

De hecho cuando apelamos a la aleatorización, estamos admitiendo que no hemos podido mantener estrictamente constantes todas las variables causales. La aleatorización es, por tanto, un procedimiento mucho más eficaz que el de mantener constantes todas las variables,

---

[6] Selección al azar.

aun cuando estas sean conocidas. Habrá muchos factores de poca importancia si se los toma por separado, pero cuyo efecto global será marcado. Carecería de sentido tratar de medir uno por uno con sumo cuidado y controlarlos estrictamente cuando, en la práctica, la aleatorización permite al investigador suponer sin mayor riesgo que sus efectos se han anulado.

Por otra parte, el estadígrafo puede calcular exactamente las probabilidades que han de permitir determinar, a su vez, la posibilidad de que las distorsiones superen una magnitud establecida. Aumentando el tamaño y modificando el diseño de la muestra, el científico puede lograr casi cualquier grado de precisión que desee, aunque en general, cuanta mayor precisión pretenda alcanzar, mayor deberá ser el tamaño de la muestra.

Variables experimentales múltiples

Ya hemos señalado que la aleatorización incrementa la eficacia del diseño. Hay otros modos de incrementarla, cuando al investigador le interesa estudiar los efectos de más de una variable experimental a la vez. En la mayoría de los estudios, existirán por lo menos dos o tres variables o factores que pueden combinarse de manera peculiar.

Tan pronto se desea dar cabida a las combinaciones de las variables experimentales, el análisis estadístico se suele complicar bastante. Se han elaborado técnicas para estimar cada uno de los llamado "efectos principales" (efectos promedio) de las variables experimentales aisladas, más los efectos de "interacción" de diversas combinaciones que van más allá de los efectos principales. También existirá variación aleatoria, de modo que se pueden formular enunciados probabilísticos sobre la magnitud de los posibles efectos de variables que no han sido perfectamente controladas en el proceso de aleatorización.

Supuestos relativos a las manipulaciones

Hasta ahora hemos dado por sentado que la aleatorización puede tomar en cuenta los factores de perturbación, en la medida en que cada grupo contiene un número de casos suficientes como para que los errores aleatorios se anulen entre sí, por así decirlo. (Cuál es ese "número suficiente de casos", constituye una cuestión técnica que demanda conocimientos de inferencia estadística). Cuando se trata de experimentos agrícolas sobre el rendimiento del trigo, por ejemplo, donde este por lo general no reacciona ante el hecho de que se va a experimentar con él, esta clase de supuestos no carece de verosimilitud[7]. ¿Pero qué ocurre cuando se trata de seres humanos? El mero hecho de saber que están en un experimento o de que el medio presenta ciertas particularidades extrañas influirá, probablemente, sobre su conducta. Otro problema corriente es que el experimentador suponga estar manipulando una variable única, cuando en realidad manipula varias al mismo tiempo, siendo estas variables desconocidas las que producen las diferencias.

Efectos de las mediciones previas y sucesos no controlados.

A estas complicaciones se suma la posibilidad de que las mediciones iniciales de los grupos experimental y de control puedan afectar por sí mismas los resultados.

---

[7] No hay que exagerar esta distinción entre las reacciones de los seres humanos al ser medidos, y las que presumiblemente no presentarían las plantas u objetos del medio físico. En las ciencias físico-naturales, el proceso de medición puede modificar en muchas circunstancias el comportamiento del objeto.

Un modo de estudiar la posible interacción de los efectos de las mediciones previas con los de la variable experimental es introducir dos grupos adicionales que no han sido objeto de medición previa, de los cuales sólo uno está expuesto a la variable experimental. Si se cuenta con la aleatorización para equiparar los cuatro grupos, puede demostrarse que es posible estimar las interacciones incluidas en la medición previa por medio de este diseño de cuatro grupos. Pero como es manifiestamente imposible exponer a algunos grupos y no a otros a sucesos no controlados, las interacciones entre estos sucesos y la variable experimental se confundirán siempre con los efectos principales de esta.

¡La única manera de eludir esta dificultad capital es controlar con el mayor cuidado posible los sucesos no controlados! Ahora bien: cuanto mayor esmero se ponga en su control, menos "natural" suele tornarse el medio experimental y más arduo resulta extraer de los hallazgos experimentales generalizaciones aplicables al mundo real, donde los sucesos no controlados ocurren con tal regularidad que pasan a integrar el panorama de acontecimientos humanos. Por este motivo, los científicos sociales se muestran escépticos en lo que atañe a los diseños experimentales rígidos, sosteniendo que únicamente es posible aplicarlos a los asuntos humanos de índole más sencilla.

Elementos teórico metodológicos que deben considerarse en la observación participante y los problemas que implica

La observación participante (OP) no es una tarea fácil, puesto que significa efectuar una labor detallada, minuciosa y disciplinada, para logar una comprensión adecuada de los fenómenos sociales y de sus significados.

Aspectos teóricos de la observación participante

La producción del conocimiento está estrechamente vinculada al tipo de concepción que se tenga de la sociedad. Así, las investigaciones que privilegian los métodos cualitativos se hallan más relacionados con las concepciones microsociales [8], sus significados y sentidos. La comprensión de los fenómenos sociales se pretenden lograr mediante el uso de métodos cualitativos y uno es la observación participante, que permite dar cuenta de los fenómenos sociales a partir de la observación de contextos y situaciones en que se generan los procesos sociales.

Se puede aseverar que la ciencia a fin de cuentas comienza con la observación; se trata de observar hechos, acontecimientos, estructuras, intersubjetividades, etc. La

---

[8] Los dos marcos más generales para pensar la sociedad están vinculados con la macroestructura y la microdinámica; en el primer caso son las estructuras las que determinan la vida social de las personas, mientras que en el segundo son los individuos los que producen las estructuras a través de la interacción.

observación relaciona al observador y al actor. La distinción entre observador y actor se da en términos de posiciones y no de personas o especialidades inamovibles, toda vez que el investigador es una persona más dentro de la sociedad, que puede ser observador en determinadas circunstancias y ser observado en otras. La observación se puede hacer desde fuera o dentro del grupo social, es decir, puede ser exógena o endógena. Es exógena cuando el investigador es un extraño al contexto social estudiado y es endógena cuando el grupo es capaz de generar un sistema de autoobservación. Sin embargo la observación participante es el modo más representativo de los procedimientos de la observación exógena (Gutiérrez y Delgado, 1995).

La OP permite recoger aquella información más numerosa, más directa, más rica, más profunda y más compleja. Con esto se pretende evitar en cierta medida la distorsión que se produce al aplicar instrumentos experimentales y de medición, los cuales no recogen información más allá de su propio diseño. A diferencia de la observación vulgar y cotidiana, la OP, se caracteriza por ser científica, comienza con la observación de un escenario en relación con un determinado tema de investigación. La observación y registro de datos se hace de manera sistemática, así como el procesamiento de la información y la interpretación de la misma. La distinción entre observación informal y observación sistematizada, según criterios de control y de rigor científico, se puede ver en el siguiente esquema:

Tipo	Tácitas cotidianas	Cotidiana deliberada	Deliberada controlada / Altamente formal
	Observaciones vulgares	Observaciones específicas	Observaciones científicas

El esquema muestra que la observación formal se hace más sistemática en la medida en que se controla el proceso en términos de especificación de contextos, situaciones e individuos, lo que hace que las observaciones cotidianas de conviertan en observaciones controladas y científicas. La OP se caracteriza a su vez por el grado de control que el observador tiene sobre los fenómenos al estructurar cuidadosamente las categorías de análisis e instrumentos de recopilación de datos, así como al controlar el grado de participación en el escenario y la interacción social. Se trata de captar la complejidad del sujeto, como productor de sentidos, así como sus potencialidades de transformación, y no concebirlo sólo como simple reproductor de estructuras y sistemas.

La OP es predominantemente etnográfica. El investigador selecciona un escenario, que puede ser una organización, una institución pública o privada, una fábrica, una isla, una tribu o un pueblo, donde se intenta mirar desde dentro los fenómenos, tratando de integrar el punto de vista del "nativo"; en cambio la observación no participante es una mirada desde lo externo, donde el investigador se comporta simplemente como visitante en el escenario, haciendo entrevistas y observación ocasional. Aquí, el riesgo de confundirse con el "nativo" es mínimo. El investigador mantiene su libertad y distancia respecto a los sujetos de investigación (objeto de estudio).

La OP está estrechamente asociada a la práctica de investigación antropológica y a ciertas escuelas sociológicas[9]. La antropología fue pionera en el desarrollo

---

[9] La observación participante es desarrollada por un sujeto extraño que se introduce en otro contexto sociocultural, diferente al suyo, con el fin de comprender esa cultura ajena mediante la observación, lo

de la OP y la escuela de Chicago, por su parte, orientó estudios sociológicos hacia barrios urbanos modernos. Las "reglas" de observación y los criterios de validez y confiabilidad fueron establecidos ante todo por la antropología cultural. La antropología desde sus inicios se preocupó por trascender la "distancia cultural" entre el observador y los observados, con el fin de comprender mejor la diversidad de elementos y significados culturales, mediante la comparación de distintos grupos observados.

Características de la observación participante

La OP se puede definir como "una observación interna o participante activa, en permanente "proceso lanzadera", que funciona como observación sistematizada natural de grupos reales o comunidades en su vida cotidiana, y que fundamentalmente emplea la estrategia empírica y las técnicas de registro cualitativas" (Gutiérrez y Delgado, 1995: 144).

Mediante la observación se pretende captar los significados de una cultura, el estilo de vida de una comunidad, la identidad de movimientos sociales, las jerarquías sociales, las formas de organización, etc. Ante todo, se trata de conocer los significados y sentidos que otorgan los sujetos a sus acciones y prácticas.

Las condiciones metodológicas de la OP son las siguientes:
- El observador debe ser un extranjero respecto a su objeto de estudio.
- El investigador debe convivir por un tiempo determinado con los sujetos de investigación.

---

cual supone que el investigador resida por un tiempo considerable en el escenario seleccionado.

- Las fronteras del escenario tienen que ser definidas.
- El analista debe guardar distancia con el objeto.
- Redactar una monografía etnográfica.
- Presentar la interpretación de los resultados (el informe) a la comunidad académica.

Estas condiciones tienen que relacionarse lógicamente con los propósitos del proyecto de investigación.

La distancia entre el investigador y el actor se supera en cierta medida mediante la integración en la comunidad de referencia, donde el investigador reside un tiempo relativamente largo en la comunidad y participa de modo activo en la vida cotidiana, pero sin convertirse en "nativo". La convivencia con los sujetos de observación y la estrecha relación, con sus diversas prácticas, no significa asumir compromisos vinculados a intereses del grupo, hasta sentir afecto por ellos. Se trata de observar reflexiva y críticamente los procesos sociales y no de condenar o elogiar. Por eso se insiste en la distancia necesaria que debe mantener el analista, respecto al objeto de estudio; es una suerte de "ver" articulaciones significativas en aquellos procesos que para los observados se presentan como algo muy normal.

El trabajo etnográfico que se desarrolla durante el estudio de campo permite describir los fenómenos sociales que se generan en el escenario. Se trata sobre todo de recopilar datos, de acumular información descriptiva. La etnografía establece ciertas reglas, para desarrollar el trabajo de campo y la redacción del informe. La descripción etnográfica debe incorporar necesariamente aquella información relacionada con el contexto, como el hábitat del grupo social, su actividad económica, su modo de organización, sus relaciones de poder, su estructura familiar, sus expresiones artísticas, sus rituales, entre otros. Asimismo, el documento etnográfico debe estar redactado en estilo descriptivo, de modo que muestre los datos sin mucha incorporación de valoraciones personales. Se trata de otorgar efectos de verdad a toda la información acumulada mediante la OP. La relación dialógica otorga una mayor importancia al respeto mutuo entre dos culturas que se encuentran mediadas por el investigador y los informantes.

La discusión sobre la validez de las investigaciones basadas en la OP ha llevado al problema de la "ubicación" del investigador respecto al objeto; es decir, desde dónde se observa mejor el escenario, desde el interior o el exterior (Gutiérrez y Delgado, 1995). Quienes dan prioridad a la "mirada externa" arguyen que las prácticas sociales se comprenden mejor viendo desde fuera que convirtiéndose en un sujeto más del grupo; mientras quienes defienden la "mirada interna" dicen que es difícil conocer desde una estrategia externa. Cliffor Geertz (1994: 73-79), hace referencia a dos nociones: la "experiencia próxima" y la "experiencia distante". Ello significa que, para comprender a los grupos, es importante el conocimiento de los significados simbólicos que producen los sujetos a partir de la "experiencia próxima" y, entender a la vez, como una "experiencia distante", desde la perspectiva del investigador. Por tanto, no se trata de introducirse en la piel de los informantes, mirar desde el punto de vista del nativo, sino de analizar sus medios de comunicación simbólica y sus significados.

La interacción social entre el investigador y los sujetos estudiados permite recopilar datos muy significativos de carácter cualitativo. El observador cumple un triple papel en dicho escenario: desarrolla una interacción social con los informantes, registra de manera controlada y sistemática los datos e interpreta la información. A partir de esto, se pretende captar y comprender las interacciones, las regularidades, las jerarquías, el orden social, y sobre todo los significados y sentidos de las prácticas sociales.

Perspectiva teórica, objetivos del estudio y la técnica

La OP como cualquier método está relacionada estrechamente con el tipo de proyecto de investigación, es decir, con la perspectiva teórica, el problema y los objetivos del estudio. Dicho en otros términos, el problema define su metodología.

Sin embargo, a diferencia de otros métodos, donde ya están definidas a priori las hipótesis y procedimientos de investigación, en la OP se mantienen flexibles, dado que pueden modificar a medida que avanza el proceso de investigación, lo que no significa por cierto una ausencia total de algunos objetivos generales. La estrategia de flexibilizar las hipótesis y objetivos obedece a que, antes de entrar en el escenario, no se sabe aún qué preguntas hacer ni cómo hacerlas: "la mayor parte de los observadores participantes tratan de entrar en el campo sin hipótesis o preconceptos específicos" (Taylor y Bogdan, 1996: 32). Además, el escenario de investigación no siempre se muestra como el investigador se imagina, puesto que en el trabajo de campo se dan muchas sorpresas.

Pueden ser que algunos escenarios no sean tan convenientes para probar teorías que le interesan al investigador, lo que hace que se cambien de escenarios. En la OP no es recomendable aferrarse a las teorías, dado que pueden cerrar caminos alternativos e interesantes de indagación en términos de exploración de nuevos ámbitos de conocimiento. Tampoco parece ser conveniente fijar de antemano el número de escenarios y de informantes, porque esto depende en gran parte del tipo de espacio social y del desarrollo de la investigación: "los investigadores cualitativos definen típicamente su muestra sobre una base que evoluciona a medida que el estudio progresa" (Taylor y Bogdan, 1996: 34).

Este tipo de muestra se reconoce como el "muestreo teórico", donde está abierta la posibilidad de añadir casos o informantes de acuerdo con los requerimientos de información y según los nuevos objetivos que surgen durante el proceso de observación. Se trata de entrar en el escenario con la intención de conocer y no sólo de validar los presupuestos teóricos; comprender un proceso significa estar abierto a lo que viene, a lo desconocido.

Sólo cuando el investigador se compromete con un determinado escenario, puede saber qué vías adicionales de indagación pueden ser exploradas para una comprensión mejor del problema.

La interacción social

La OP se desarrolla dentro de un proceso social real, en contacto directo e inmediato con los actores sociales. Así, dentro del escenario, la presencia del observador modifica en cierta medida el comportamiento de los individuos y altera la situación social preexistente. La presencia de un extraño es casi siempre motivo de inquietud para las personas.

En la interacción social, el investigador debe mantener la distancia necesaria respecto a los sentimientos e intereses del grupo social. Sólo cuando uno está al margen de las ilusiones y miedos del grupo puede mantener una actitud crítica en relación con las opiniones y conductas que son aceptadas casi sin discusión por los sujetos de investigación. El distanciamiento permite que el investigador modifique sus hallazgos iniciales a partir de las nuevas observaciones, reflexiones e interpretaciones: "imaginar que un observador puede integrarse totalmente en un grupo y continuar siendo objetivo es aceptar la utopía de un grupo sin divisiones, sin intereses encontrados, sin comportamientos o valores inadmisibles. Lo que es a todas luces erróneo" (Ruiz e Ispizúa, 1989: 94).

Mantener la actitud crítica respecto a hechos y acontecimientos sociales es muy importante para lograr una mejor comprensión del problema y de los significados de la acción social.

La conciencia de que todo acto de observación implica un proceso de interacción social y de que la estrategia de la marginalidad es la adecuada para obtener el máximo de eficiencia en la recogida de la información, pone de relieve la conveniencia de controlar adecuadamente los lazos de reciprocidad que se establecen entre observador y observado (Ruiz e Ispizúa, 1989: 95).

Los individuos del grupo observado experimentan distintos sentimientos respecto al investigador, unos se acercan mientras que otros se marginan. El recién llegado, causa en la población curiosidad, recelo, antipatía, hostilidad. Por tanto, es crucial tener un "padrino social" que nos presente al contexto de investigación, contar con el apoyo de una persona de confianza o una institución reconocida dentro del escenario. Asimismo, es importante que el investigador no acepte ingenuamente todo los datos proporcionados por los informantes, se deben tomar de manera crítica y reflexiva, porque la verdad objetiva de los hechos no es lo mismo que la sinceridad subjetiva de los informantes y, más aún, la verdad de una puede darse sin la otra.

Es fundamental no tomar partido por uno de los grupos en conflicto ni dejarse manipular por fracciones "marginales" o personas de poco prestigio, que pueden intentar compensar de alguna manera el aislamiento social con una relación estrecha con el observador.

La interacción social entre el investigador y los informantes puede hacer que el primero asuma ciertos sentimientos y compromisos ampliamente compartidos con el grupo, lo cual ocasiona que el investigador se convierta en un miembro más del grupo. Eso en parte depende mucho del tipo de contexto social de que se trate; por ejemplo, puede ocurrir que un investigador que quiere estudiar la estructura de un partido político se convierta en un candidato a diputación, en el caso de que el investigador logre una amplia simpatía entre dirigentes y miembros del partido; entonces, se cancela la investigación, y tal vez el "observador participante" convertido en candidato sea objeto de otro estudio.

La observación participante y sus etapas

   a) *El acceso.*

Para llevar a cabo una investigación mediante la OP, el primer paso es el acceso al escenario, que en algunos casos puede ser fácil y en otros convertirse en un verdadero vía crucis para el investigador, dependiendo del grupo social y las estrategias adoptadas para ingresar:

El escenario ideal para la investigación es aquel en el cual el observador obtiene fácil acceso, establece una buena relación inmediata con los informantes y recoge datos directamente relacionados con los intereses investigativos. Tales escenarios sólo aparecen raramente. Entrar en un escenario por lo general es muy difícil. Se necesita diligencia y paciencia. El investigador debe negociar el acceso, gradualmente obtiene confianza y lentamente recoge datos que sólo a veces se adecuan a sus intereses. No es poco frecuente que los investigadores "pedaleen en el aire" durante semanas, incluso meses, tratando de abrir paso hacia un escenario (Taylor y Bogdan, 1996: 36).

Podría darse el caso de que el investigador seleccione un escenario muy conocido, pero esto no es aconsejable, y mucho menos cuando no se tiene experiencia en la OP. Cuanto más cerca esté el investigador de su objeto, más difícil será que haga su lectura crítica del escenario, puesto que antes de comprender los significados, estará preocupado de no ofender a amistades; esto dificulta la comprensión del problema.

El acceso se obtiene, a menudo, mediante una solicitud a los responsables de la organización o institución que se pretende estudiar, quienes se conocen como "porteros". La solicitud trata de convencer al portero argumentando la importancia del estudio y que el investigador no dañará de ningún modo a la organización. Sin embargo los porteros se sienten más cómodos con estudiantes, a quienes tratan de ayudar en la realización de las tareas. Los estudiantes ingenuos y ansiosos generan simpatía en los porteros, quienes suponen que los educandos tratan de aprender los hechos y acontecimientos sociales con los "expertos" de la organización; por tanto, el acceso no presenta muchas dificultades. Pero, cuando el investigador es un profesional, el acceso se torna difícil, sobre todo en los organismos gubernamentales o instituciones consolidadas, como las empresas, por ejemplo.

Una estrategia de acceso es mediante amigos o instituciones que trabajan con la organización de interés, los que ayudan a persuadir a los porteros. Otro camino es integrarse como voluntario en algunas tareas, pero esto tiene el riesgo de que el investigador sea convertido en un empleado más, que incluso se le puede obligar a firmar entradas y salidas, lo que perjudicaría en gran manera su movilidad y por ende la observación de diferentes escenarios.

En cambio, el acceso a escenarios informales es más flexible, como los centros de diversión, pero el investigador tiene que saber ubicarse en puntos de mucha interacción social y tratar de entablar alguna conversación con las personas. Es importante conseguir algún amigo del lugar para que él pueda responder ante los demás. Por ejemplo, si se trata de estudiar a los delincuentes, conviene buscar al líder y ubicar lugares que frecuentan en sus tiempos libres, que generalmente son los centros de juego y bares.

En cualquiera de los escenarios, la explicación de los objetivos del estudio se debe hacer de modo muy general a las personas con quienes se mantendrá una relación permanente en el proceso de la observación, porque es mejor identificarse antes que los demás empiecen a dudar de uno y de los intereses que se tienen. En la explicación de los objetivos, se trata de asegurar sobre todo el compromiso de respetar la confidencialidad y privacidad de las personas, la cual debe ser veraz pero al mismo tiempo imprecisa, puesto que no hay necesidad de que los observados conozcan en detalle las metas del estudio. En esto no se aconseja falsear las intenciones, dado que se crea en el investigador un temor constante a ser descubierto, lo que podría terminar con su expulsión del escenario o la ruptura definitiva de las relaciones establecidas con las personas. Es mejor declararse como investigador y desarrollar actividades de investigación.

No obstante, en la explicación de las metas de investigación se encuentran una variedad de tropiezos, dado que se libran una infinitud de discusiones prolongadas sobre la metodología y los fines de la investigación. Entre las objeciones más regulares a la OP se encuentran: la protección de la privacidad de las personas, la escasez de tiempo para responder la sarta de preguntas, la obstrucción del trabajo, que no hay nada de interesante para el estudio, o incluso, que el estudio no parece ser científico. Así, el investigador debe estar preparado para responder a ese tipo de objeciones y establecer un compromiso con los informantes. A veces, es preferible hacerse el ingenuo ante los porteros, sobre todo cuando la gente parece temer la investigación. Ser honesto pero vago parece ser la sugerencia adecuada para lograr el acceso al escenario. Perturbar lo mínimo es conveniente tanto para el investigador como para porteros e informantes.

Otra de las estrategias para lograr el acceso a grupos impenetrables, como la policía por ejemplo, consiste en desarrollar una investigación encubierta, no declarada, donde el observador no se identifica como tal. Esto ocurre cuando el investigador opta por cumplir alguna función dentro del escenario; por ejemplo, emplearse como obrero en una fábrica para ver los conflictos obrero-patronales, o hacerse miembro de la policía para indagar sobre los abusos de autoridad. Pero la investigación encubierta suscita graves problemas, puesto que el engaño compromete la buena voluntad de los sujetos de investigación; además puede dañar la imagen de las instituciones académicas, y en la sociedad más amplia clausurar áreas promisorias de investigación. Sin embargo, la investigación encubierta se puede justificar, arguyendo que el engaño no es más que una parte de la vida social cotidiana, donde las mentiras forman parte de la sociedad, por tanto los investigadores pueden mentir a sus informantes para obtener la "verdad". Otros condenan el engaño en sí, arguyendo que se debe respetar la privacidad de las personas y que el investigador no tiene ningún derecho para dañar.

En todo caso, la investigación encubierta puede justificarse éticamente como necesaria, cuando se trata de conocer las maniobras y tráfico de influencias de grupos poderosos, quienes jamás aceptarían ser "observados" por ningún investigador. Este es uno de los motivos de que las investigaciones declaradas se concentren más en sectores sociales que no tienen mucho poder: "contamos con muchos más estudios sobre trabajadores que sobre gerentes de corporaciones, más sobre pobres y desviados que sobre políticos y jueces. Los investigadores exponen las faltas de los débiles mientras que los poderosos permanecen intactos" (Taylor y Bogdan, 1996: 47). Así, la investigación encubierta puede resultar muy útil para mostrar los diversos ámbitos de acción de los grupos poderosos. Además, la investigación es siempre de alguna manera "encubierta", puesto que los informantes nunca saben todos los propósitos del estudio y de sus resultados.

La entrada del observador al campo no debería de afectar la escena en lo mínimo; lo ideal es que los informantes se olviden de que el investigador se propone observar, pero no sucede así; por ejemplo, la presencia del observador en un salón de clase causaría un evidente cuestionamiento de su papel. Durante los primeros días en el campo, el investigador debe tratar de que la gente no se sienta molesta con su presencia, y actuar adecuadamente en el escenario, lo cual implica un control y cuidado sobre la ropa que se usa y sobre la forma de hablar a los informantes. Es mejor no ser tan extravagantes ni tan incisivo en la recopilación de la información.

Los primeros días de trabajo de campo son incómodos, tanto para el investigador como para los informantes; puesto que nadie se siente tranquilo en un nuevo escenario, tampoco se está dispuesto a soportar al extraño. Asimismo, en las primeras sesiones de observación los investigadores están abrumados por la cantidad de información, que es difícil de retener. Por eso es necesario limitar el tiempo de observación, con el fin de facilitar el registro de la observación, dado que los datos serán útiles en la medida en que se puedan recordar y registrar adecuadamente, de nada sirve haber observado una cantidad de sucesos si no se recupera todo en el cuaderno de campo.

Durante los primeros días de trabajo, a menudo se tiene que negociar con los informantes, justificando la presencia de uno y exponiendo los objetivos del estudio. Otro problema que se debe negociar es el horario y áreas de observación, dado que el tiempo y espacio admitido por los porteros no siempre se adecuan a los fines del estudio. Así por ejemplo, los guías de las grandes instituciones generalmente muestran a los visitantes aquellos espacios que consideran como los más presentables y los ponen en contacto con personas que responden mejor a la institución; no se muestra lo conflictivo ni aquello que no parece ser digno. Es importante que el investigador resista los intentos de control de la investigación por parte de los responsables o informantes, lo ideal es que el investigador elija los horarios y lugares para observar. En la medida en que se alcance un mayor grado de rapport, se logre acceder a más áreas y personas, se dará una suerte de apropiación cognoscitiva creciente del espacio de parte del investigador.

El establecimiento de rapport es fundamental para una mejor observación y recopilación de la información. Lograr un buen rapport genera una sensación de realización y estímulo para el investigador. El rapport significa muchas cosas: simpatía con los informantes, apertura de las personas en cooperar con el estudio, ser considerado como una persona inobjetable, penetración en la vida cotidiana, entender y compartir el mundo simbólico de los informantes, así como su lenguaje y sus perspectivas. Sin embargo, la confianza lograda en los inicios del trabajo puede aumentar, o disminuir durante el proceso de investigación, dependiendo de su desarrollo.

Para mantener un buen rapport, es necesario adecuarse a las prácticas rutinarias de las personas, siendo puntual y oportuno, y no ser una carga para ellas; también se puede reforzar colaborando con los informantes (redactar una carta, facilitar alguna información, etc.). Mostrar humildad provoca que la gente no tema brindar información y que los informantes hablen con toda libertad y confianza. Por otra parte, es importante prestar toda la atención necesaria a lo que dicen las personas, dar valor a su información, de tal modo que ellas sientan una cierta satisfacción al pensar que aportaron datos valiosos a la investigación. Es fundamental considerar a los informantes como sujetos reflexivos y productores de conocimiento y no como simples "objetos" de investigación.

b) Recopilación de datos

Hacer notas de campo bien detalladas y ordenadas significa registrar toda la información relevante después de cada observación; desde el inicio y hasta finalizar el trabajo de campo. Así, incluso los encuentros durante el "trámite" para el acceso deben ser registrados, porque pueden ser muy útiles en el momento de interpretar los resultados, ya que podrían mostrar, por ejemplo, el funcionamiento de las organizaciones e instituciones hacia lo externo.

Durante la recopilación de datos, no es conveniente participar "militantemente" en las actividades que desarrollan los sujetos de investigación. Se trata de no dejarse absorber por la participación activa; en caso contrario se puede incluso terminar abandonando la investigación o involucrándose en actividades ilícitas. No es aconsejable identificarse de manera excesiva con los informantes; así por ejemplo, un investigador que trata de estudiar a los contrabandistas o narcotraficantes puede terminar involucrado en esas actividades reñidas con la ley.

Asimismo, es muy importante buscar algunos "informantes clave" para obtener una información más confiable y hacer una reflexión con sentido. Se trata de establecer buenas relaciones con personas respetadas y líderes al principio del trabajo, quienes se podrían convertir en amigos y en informantes clave: "en especial durante el primer día en el campo, los observadores tratan de encontrar personas que los cobijen bajo el ala: los muestran, los presentan a otros, responden por ellos, les dicen cómo deben actuar y les hacen saber cómo son vistos por otros" (Taylor y Bogdan, 1996: 61).

Los informantes clave tienen una "comprensión" más amplia del escenario, de modo que pueden narrar la historia de la institución o de la población y complementar los conocimientos del investigador. Así, el informante clave se convierte en una suerte de "observador del observador". El informante clave es un colaborador muy próximo del investigador, que ayuda a controlar las hipótesis y corregir las interpretaciones; es prácticamente un ayudante de investigación y en algunos casos un coautor del estudio. Pero el "observador del observador" no puede sustituir nunca al investigador, porque no es su función, sino que simplemente es un "guía", es experto de campo pero no es el científico crítico (Ruiz e Ispizúa, 1989). En todo caso, es importante cultivar buenas relaciones con los "dueños de la información", porque la investigación depende mucho de lo que puedan dar ellos.

Ruiz e Ispizúa (1989) identifican como buenos informadores a los siguientes tipos de personas:

1) El *extraño*, que no está metido tanto en los problemas del grupo social.

2) El sujeto *reflexivo*, que goza de un cierto reconocimiento social, como portador de ideas novedosas.
3) El *pequeño intelectual*, que tiene una educación elevada, goza de reputación.
4) El *desbancado*, que al perder una cierta posición social todavía está cargado de información sobre determinados centros de poder.
5) El *viejo lobo*, que maneja mucha información y no tiene miedo de difundirla, y
6) El *necesitado*, que busca una oportunidad de apoyo en el investigador a cambio de brindar información, y tal vez ser un aliado potencial.

El trabajo de campo se caracteriza por la presencia de infinidad de problemas del drama humano que conlleva la vida social, como los conflictos, rivalidades entre grupos, seducción, celos, etc. El investigador se enfrenta a situaciones muy difíciles, sobre todo entre los hombres, mientras que las mujeres son más acogidas, en particular, en aquellos escenarios de predominio masculino. Pero eso también trae problemas, puesto que las mujeres jóvenes pueden ser objeto de acoso sexual y al mismo tiempo podrían generar celos en las esposas. Asimismo, el investigador puede encontrarse con informantes hostiles, que se molestan con la sola presencia del investigador o se niegan a dar información; esas personas son conocidas como "boicoteadores" de la investigación. En estos casos, es importante que el observador tenga mucha paciencia, pero al mismo tiempo perseverancia, dado que hasta los más duros tienden a ceder a la insistencia.

Muchas veces es mejor actuar como "ingenuo" dentro del escenario para tener acceso a los datos, pues esta actitud puede facilitar que los informantes se sientan motivados a brindar sus conocimientos al que "desconoce" el escenario. Es importante estar en lugares y momentos oportunos, como son las reuniones, salida y entrada de los trabajadores o cambios de turno, donde generalmente se comentan sucesos del día y los recientes rumores. Asimismo, se debe tomar muy en cuenta los fines de semana, dado que las personas tienden a reunirse en determinados lugares (restaurantes, centros de juego, etc.), que podrían mostrar aquello que no se observa dentro del escenario normal: "escuchando discretamente con sutileza, a veces, se obtienen datos importantes que no podrían lograrse de otra manera. Desde luego, el que es descubierto afronta una situación embarazosa" (Taylor y Bogdan, 1996: 67).

Al finalizar el trabajo de campo, las preguntas pueden ser formuladas en forma más directa porque se cuenta con información acumulada. Pero al principio es mejor empezar con preguntas generales que permitan abrir el escenario y que no estén directamente relacionadas con las personas. Saber qué es lo que no se debe preguntar, así como saber qué preguntar, puede ser la clave para seguir explorando nuevos ámbitos de investigación. Asimismo, es menester aprender el lenguaje más utilizado, los modismos, por ejemplo, que facilitan la comprensión de las conversaciones, puesto que las palabras pueden tener diferentes significados en distintos contextos y situaciones.

c) *Registro de la información*

En una investigación mediante técnicas cualitativas como la OP, se hace necesaria una reflexividad y flexibilidad constante durante la recopilación de datos. Ello significa que el investigador debe estar abierto a reconsiderar las hipótesis, las fuentes de información, los caminos de acceso, las preguntas y todo su esquema de información, con el fin de lograr mayor objetividad y una mayor validez y confiabilidad de resultados.

Para observar se aplica alguna forma de muestreo de espacios, situaciones, focos de interés y de personas; es decir, la selección de espacios de observación, de situaciones y de personas. Existen tres tipos de muestreo: de azar, de cuota y opinático;[10] pero el muestreo al azar y de cuota no se consideran en la OP, porque esta es cualitativa. El proceso de observación empieza con interrogantes generales y sin la definición del número de escenario ni de personas, donde la información se extrae de aquellos contextos e informantes que disponen de una riqueza de datos y de contenidos de significados y no a partir de casos estándar. Según Ruiz e Ispizúa (1989, p. 109), la determinación de la muestra en la investigación cualitativa difiere de la cuantitativa: "el muestreo de la observación se rige por criterios distintos a los de la investigación cuantitativa, en la que el criterio de la representatividad muestral, margen de error y nivel de confianza, deciden cuáles y cuántos sujetos o casos deben ser seleccionados. Aquí, los criterios son otros..." Y entre esos criterios destacan los siguientes:

1) Facilidad de acceso a la información y a los núcleos de acción social.
2) Existencia de contextos y personas que presentan mayor riqueza de contenido, y
3) Disposición de las personas a comunicar lo que saben.

---

[10] El muestro opinático consiste en que el número de escenarios por observarse o la cantidad de personas por ser entrevistadas se determina en la misma investigación de campo, según la acumulación de la información requerida; mientras que en el muestreo al azar y por cuota, se fija la muestra antes de la recopilación de datos.

Los tipos de muestreo cualitativo, de acuerdo con Ruiz e Ispizúa (1989), pueden ser:
1) Opinático, que consiste en identificar dentro del contexto grupos y personas que se reconocen como detentores de información, como sujetos centrales dentro de la estructura social;
2) Estratégico, la ubicación de protagonistas o testigos de excepción, que disponen de mucha información con riqueza de contenido;
3) Embudo, que es la aproximación progresiva a los "focos" de interés, y
4) Accidental, cuando se encuentran de manera espontánea contextos e informantes de mucha importancia para la investigación.

Sin embargo, la selección de escenarios, de situaciones, de grupos y de personas se hace utilizando los diferentes criterios de muestreo, de acuerdo con el desarrollo de la investigación de campo. Se trata de desarrollar la investigación en forma de una *lanzadera informativa*, que permita disponer de una información más adecuada y una interpretación con sentido para los propósitos del estudio:

El observador, por consiguiente, trabaja a modo de lanzadera que acude a escena a recoger información, se retira a su soledad para anotar-sistematizar-interpretar y, de nuevo, vuelve a salir a recoger nueva información, acudiendo tal vez a las mismas personas, a los mismos escenarios y a los mismos tópicos. (...) "observar-cuestionar-anotar-ordenar-sistematizar-reflexionar", para salir de nuevo a escena a repetir más en profundidad, con más cercanía de experiencia, con más riqueza de significado, todo el proceso de nuevo (Ruiz e Ispizúa, 1989: 113).

Registrar los datos de observación de manera sistematizada en cuadernos de campo es fundamental para lograr mayor confiabilidad y validez de los resultados de la investigación. Después de cada sesión de observación se deben redactar los hechos y sucesos observados. El registro de datos en notas de campo se hace desde el primer contacto con el escenario, puesto que los datos obtenidos durante la etapa previa al trabajo de campo pueden ser de mucha utilidad para el desarrollo de la investigación y para la misma interpretación de resultados: "puesto que las notas proporcionan los datos que son la materia prima de la observación participante, hay que esforzarse por redactar las más completas y amplias notas de campo que sea posible. Esto exige una enorme disciplina" (Taylor y Bogdan, 1996; 74). Durante el trabajo de campo, el investigador a menudo pasa horas haciendo las notas de campo, registrando los hechos observados durante el día; así, es falso pensar que el uso de los métodos cualitativos en la investigación es fácil.

Recordar y registrar todo lo observado en las notas de campo no es una tarea sencilla. Se necesita desarrollar una capacidad de observación que permita captar aquello que no es fácil de "ver" con el simple hecho de "mirar", y a veces hasta mirando mucho tiempo un escenario no se puede ver lo más significativo. Por eso es importante prestar la mayor atención posible en el momento de ver y escuchar, de tal manera que la atención se mueva entre lo general y lo particular, dado que se puede ver mucho con sólo mirar, pasando de una visión amplia a una más específica y viceversa. Se trata de describir los detalles de los diversos componentes sociales y sus relaciones durante la observación, y recordar en el momento de hacer las notas de campo. Para recordar se aconseja trabajar con palabras o frases clave que permitan captar los significados, puesto que a fin de cuentas lo que interesa son los significados. También ayuda recordar la visualización mental del escenario observado y, por supuesto, redactar las notas lo más pronto posible. Representar esquemáticamente el escenario o hacer diagramas permite una mejor comprensión de lo observado.

La elaboración sistemática de notas significa que cada nota debe estar fechada, titulada y contextuada (detalle del lugar de observación). Los registros de notas deben guardar suficiente espacio para los comentarios de otras personas y de uno mismo. Usar comillas para "reproducir" lo dicho por los informantes –aunque esto no necesariamente es textual-, para que no se confunda con la descripción que hace el investigador del escenario. Asimismo, para indicar la pertenencia de las declaraciones a una determinada persona, es preferible usar seudónimos, tanto para personas como para lugares, con el fin de no comprometer el escenario ni a los informantes, porque uno no sabe en qué manos puede caer las notas de campo. Tener copias de las notas es una cuestión elemental, así como su buena conservación, de tal manera que una se tenga a la mano y la otra se guarde a buen recaudo; además las copias serán útiles en el momento del análisis.

Los comentarios que se hagan durante la redacción de las notas de campo deben estar claramente indicados, con el código de: *comentarios del observador* (CO), para no confundirlos con la descripción del escenario. Los comentarios se harán en términos de distanciamiento de los sentimientos y motivaciones de las personas observadas, de modo que sean más reflexivos y no meras apreciaciones de los informantes. Los comentarios en cierta medida reflejan la posición del observador, por ejemplo, si uno no se siente cómodo en determinados lugares o con ciertas personas, lo mismo pueden sentir los sujetos de investigación.

En la descripción del escenario y de las personas no se debe utilizar adjetivos, como decir: "este lugar era muy deprimente" o "esa persona era autoritaria", sino simplemente detallar el lugar y los comportamientos. Las descripciones pueden comentarse con los comentarios, pero diferenciando de forma muy clara, utilizando el código de CO. Es decir, los escenarios y las personas deben ser descritos concretamente y no evaluados y adjetivados.

La ropa que usan los informantes, sus gestos, las expresiones verbales, tono de la voz y velocidad del discurso, deben registrarse de la mejor manera posible, porque en el momento de la interpretación pueden ser de gran utilidad. Asimismo, deben ser registrados aquellos aspectos que no se comprenden, puesto que pueden adquirir sentido posteriormente. Por otra parte, es importante que el investigador utilice las "notas de campo" para registrar anotaciones del propio observador y de su conducta, con el fin de garantizar la información y para captar en cierta medida los efectos del escenario y de las personas sobre el investigador.

El problema de validez y confiabilidad

La obtención de datos válidos y confiables, mediante la OP, implica tomar en cuenta aquellos aspectos relacionados con el modo de efectuar la observación y la utilización de instrumentos, como grabadora (grande o pequeña), cuaderno de campo (con o sin margen), cuadernos temáticos, etc. En esto, la paciencia y la imaginación son las que permiten optar por la vía más adecuada.

La OP permite examinar la realidad social sin mucha inferencia o manipulación, allí prima la naturalidad que expresa la complejidad de los fenómenos, sobre la claridad de otros instrumentos artificiales que, a menudo, simplifican esa complejidad. Sin embargo, la OP presenta limitaciones que es preciso aquilatar. La idea de estudiar los significados culturales es la dificultad para generalizar los resultados, dado que se limita a comunidades o escenarios muy delimitados, por lo mismo reduce en cierta medida la visión global de los procesos sociales (Taylor y Bogdan, 1996).

La OP, como cualquier método, no asegura del todo la objetividad del conocimiento sobre los procesos sociales, porque no es posible agotar todas las dimensiones de la realidad social en un solo estudio: "antes o después, es necesario trazar ciertos límites a la investigación en términos de número y tipos de escenarios estudiados. La selección de escenarios o informantes adicionales dependerá de lo que se haya aprendido y de los intereses de la investigación" (Taylor y Bogdan, 1996: 89).

Otra de las dificultades en la OP es que los fenómenos no siempre son directamente observables, están latentes a niveles demasiado profundos; así, una entrevista u otro tipo de instrumento posibilita obtener los datos difíciles de recabar mediante la OP. Asimismo, implica una relación emocional respecto a los agentes observados, que puede impedir ver lo que realmente existe o en su caso hacer "ver" lo que en verdad no existe. En todo caso, la OP tiene sus ventajas y desventajas como cualquier método, que puede ser muy fructífero para determinados tipos de estudios y no tanto para otros; esto depende de su adecuación a los propósitos del proyecto de investigación.

Ahora bien, cuando empiezan a repetirse datos y se ve que ya no existen muchas novedades, es el momento en que ya se puede dejar el escenario. Esto se conoce como la "saturación teórica", entendida como el momento de la investigación en que las "fuentes" ya no aportan datos nuevos a la información acumulada. Por lo general, las observaciones de campo duran desde algunos meses hasta un año o más, dependiendo del desarrollo de la investigación y el logro de sus objetivos. Sin embargo, no es conveniente dejar abruptamente el escenario, sino alejarse paulatinamente, dejando abiertas aún las relaciones establecidas con las personas y sobre todo con informantes clave, porque siempre falta alguna información que completar; entonces se requiere retornar al escenario. Además, las relaciones pueden ser fortalecidas con el envío del informe o documento publicado, al escenario del estudio.

En la investigación mediante métodos cualitativos, la confiabilidad y la validez son reemplazados por criterios de credibilidad, transferibilidad, dependencia coherencia y confirmabilidad. La confiabilidad y validez en una investigación cualitativa están relacionadas con las "reglas" de observación, el registro de información y la interpretación de resultados, donde la distinción entre los datos proporcionados por los informantes y los comentarios del investigador es de singular importancia: "el trabajo en la investigación cualitativa es complejo y minucioso. Y requiere de este tipo de controles para cumplir con las reglas mínimas que aseguren que se trata de un trabajo científico y permita separarse, por tanto, del impresionismo o del estilo periodístico" (Tarrés, 2000:4).

La validez de los resultados de la OP es afectada cuando se toman como verdades sucesos inexistentes y como falsos aquellos que sí ocurren, es decir, cuando se cree observar hechos allí donde hay sólo imaginaciones del investigador. Dentro de las observaciones cualitativas, se distinguen tres criterios para lograr conocimientos válidos y confiables: búsqueda de representatividad, verificación de hipótesis mediante la inducción analítica y uso de procedimientos cuantitativos para reforzar la comprensión del problema. Sin embargo, la investigación mediante la OP no busca tanto probar hipótesis ni alcanzar resultados muy representativos, puesto que lo más central es dar cuenta de las condiciones en que se generan determinados procesos sociales y los significados que se les otorgan. Tampoco es preocupación principal la posibilidad de generalizar los hallazgos a universos más amplios, lo cual no niega que el conocimiento obtenido del caso estudiado pueda adquirir sentido teórico, toda vez que el estudio cualitativo se orienta a captar los significados y sentidos que generan los sujetos a partir de sus experiencias con su mundo. En todo caso, la investigación debe considerarse como un solo propósito de concebir niveles y dimensiones de la realidad social aún no nombrados por el conocimiento acumulado:

Los métodos cuantitativos dan cuenta de regularidades de la acción o apuntan a la distribución de los fenómenos. Los cualitativos ofrecen información sobre contextos y procesos sociales en los cuales se desarrolla la acción y se crean significados. (…) la investigación es una sola, de modo que ambos métodos y los datos que proveen pueden ser utilizados tanto para verificar como para crear teoría (Tarrés, 2000: 10).

Triangulación.

Como con la OP no siempre se recopilan todos los datos requeridos para los fines de la investigación, se puede complementar la información mediante otras técnicas, como entrevistas, revisión de archivos, análisis de discursos, entre otros; esta combinación de métodos se conoce como estrategia de triangulación. Al finalizar la investigación de campo, se pueden hacer entrevistas, revisar archivos y documentos, así como recabar datos iconográficos, con el fin de lograr una mayor confiabilidad y validez de los resultados.

La validez por triangulación se puede reforzar con el trabajo en equipo. Así, dos o más investigadores observan el mismo escenario, y confrontan sus apreciaciones. Pero el equipo se debe conformar sobre reglas claramente establecidas; cada miembro debe estar comprometido con el estudio y no ser un simple "asalariado".

La triangulación puede ser: de datos, metodológica, teórica y de investigadores. Es de datos, cuando se usan diversas fuentes de información; es metodológica cuando se hace una combinación de métodos y técnicas; es teórica cuando se contrastan los resultados a partir de diversas ópticas teóricas; y es de investigadores cuando el estudio se debate con otros analistas sociales. Todo esto, con el mismo fin de lograr mayor validez y confiabilidad; también es importante la capacidad de convencimiento del informe dentro de la comunidad académica. La confiabilidad y validez se va logrando en las diferentes etapas de la investigación, desde la selección de escenarios de observación hasta la redacción del informe. Por eso es importante explicar los procedimientos metodológicos, para que los resultados sean consistentes y creíbles.

La reflexión teórica.

La investigación mediante el método de la OP adquiere sentido y significación en la medida en que los datos son ordenados reflexiva y críticamente. La reflexión teórica comienza desde que el investigador redacta sus primeras observaciones, la diferencia entre la etapa de recopilación de datos y la de redacción del informe es muy difusa en la OP, porque se describe y se interpreta a la vez. La elaboración del informe es un ordenamiento lógico y teórico de interpretaciones hechas durante la observación. El observador registra e interpreta datos de manera simultánea:

Un observador es, además de un atento vigía, de un observador que capta cuanto ve e interpreta cuanto capta, un prolífico escritor que comienza a escribir desde el primer día y concluye su escritura con la redacción definitiva de su informe. Su informe final no es otra cosa que una reconstrucción sistemática, fiel y válida del significado social que inicialmente se buscaba conocer e interpretar. El sentido o significado captado por el observador queda plasmado definitivamente en su informe final (Ruiz e Ispizúa, 1989: 119).

La estructuración del informe comprende ciertos aspectos que deben estar en el documento:

1) El contexto, donde se exponen datos históricos y de situación del escenario;
2) Ámbitos de interés, donde se presentan referencias empíricas como citas textuales, viñetas narrativas y cuadros sinópticos, mostrando ámbitos y dominios del estudio, y
3) La interpretación, donde se ordenan teóricamente los hallazgos de la investigación, en "diálogo" con los conceptos ordenadores, analizando con detenimiento los elementos más significativos (Ruiz e Ispizúa, 1989).

Los resultados de la observación pueden elevarse y adquirir sentido teórico, en la medida en que expresen adecuadamente los procesos sociohistóricos, su sentido y sus posibilidades de desarrollo en el devenir. Así, la OP se constituye en otra de las vías de construcción del conocimiento sobre la realidad social.

Segunda Parte:
Eje Epistemológico

El inductivismo: la ciencia como conocimiento derivado de los hechos de la experiencia

Una opinión de sentido común ampliamente compartida sobre la ciencia

El conocimiento científico es conocimiento probado. Las teorías científicas se derivan, de algún modo riguroso, de los hechos de la experiencia adquiridos mediante la observación y la experimentación. La ciencia se basa en lo que podemos ver, oír, tocar, etc. Las opiniones y preferencias personales y las imaginaciones especulativas no tienen cabida en la ciencia. La ciencia es objetiva. El conocimiento científico es conocimiento fiable porque es conocimiento objetivamente probado.

Sugiero que enunciados de este tipo resumen lo que en la época moderna es una opinión popular sobre lo que es el conocimiento científico. Esta opinión se hizo popular durante y como consecuencia de la revolución científica que tuvo lugar fundamentalmente en el siglo XVII y que fue llevada a cabo por pioneros de la ciencia tan grandes como Galileo y Newton. El filósofo Francis Bacon y muchos de sus contemporáneos resumían la actitud científica de la época cuando insistían en que si queremos entender la naturaleza debemos consultar la naturaleza y no los escritos de Aristóteles. Las fuerzas progresistas del siglo XVII llegaron a considerar errónea la preocupación de los filósofos de la naturaleza medievales por las obras de los antiguos, en especial de

Aristóteles, y también por la Biblia, como fuentes del conocimiento científico. Desde entonces ha aumentado continuamente esta valoración gracias a los logros experimentales de la ciencia experimental. "La ciencia es una estructura asentada sobre hechos", escribe J. J. Davies en su obra On the scientific method [11]. Y tenemos una moderna valoración del logro de Galileo debida a H. D. Anthony:

No fue tanto las observaciones y experimentos realizados por Galileo lo que originó la ruptura con la tradición, como su actitud hacia ellos. Para él, los hechos extraídos de ellos habían de ser tratados como hechos y no relacionados con una idea preconcebida... Los hechos de la observación podían encajar o no en un esquema admitido del universo, pero lo importante, en opinión de Galileo, era aceptar los hechos y construir una teoría que concordara con ellos.[12]

La concepción inductivista ingenua de la ciencia, que esbozaré en las siguientes secciones, puede ser considerada como un intento de formalizar esta imagen popular de la ciencia. La he denominado inductivista porque se basa en el razonamiento inductivo, como explicaré brevemente.

El inductivismo ingenuo

Según el inductivismo ingenuo, la ciencia comienza con la observación. El observador científico debe tener órganos sensoriales normales, no disminuidos, y debe registrar de un modo fidedigno lo que pueda ver, oír, etc., que venga al caso de la situación que esté observando y debe hacerlo con una mente libre de prejuicios. Se pueden observar o justificar directamente como verdaderos los enunciados hechos acerca del estado del mundo o de una parte de él

---

[11] J. J. Davies, On the scientific Method, Londres, Longman, 1968, p. 8
[12] H. D. Anthony, Science and its background, Londres, Macmillan, 1948, p. 145

por un observador libre de prejuicios mediante la utilización de sus sentidos. Los enunciados a los que se llega de este modo (los llamados enunciados observacionales) forman, pues, la base de la que se derivan las leyes y teorías que constituyen en conocimiento científico. A continuación presentamos algunos ejemplos de enunciados observacionales no muy excitantes.

A las doce de la noche del 1 de enero de 1975, Marte aparecía en tal y tal posición en el cielo.
Ese palo, sumergido parcialmente en el agua, parece que está doblado.
El señor Smith golpeó a su mujer.
El papel del tornasol se vuelve rojo al ser sumergido en el líquido.

La verdad de estos enunciados se ha de establecer mediante una cuidadosa observación. Cualquier observador puede establecer o comprobar su verdad utilizando directamente sus sentidos. Los observadores pueden ver por sí mismos.

Los enunciados del tipo citado anteriormente pertenecen al conjunto de los denominados enunciados singulares. Los enunciados singulares, a diferencia de un segundo grupo de enunciados que veremos en breve, se refieren a un determinado acontecimiento o estado de cosas de un determinado lugar y en un momento determinado. El primer enunciado se refiere a una determinada aparición de Marte en un determinado lugar del cielo en un momento especificado, el segundo a una determinada observación de un determinado palo, etc. Es evidente que todos los enunciados observacionales serán enunciados singulares. Proceden de la utilización que hace el observador de sus sentidos en un lugar y un momento determinados.

A continuación veremos algunos ejemplos simples que podrían formar parte del conocimiento científico.

De la astronomía:
Los planetas se mueven en elipses alrededor de su sol.

De la física:
Cuando un rayo de luz pasa de un medio a otro cambia de dirección de tal manera que el seno del ángulo de incidencia dividido por el seno del ángulo de refracción es una característica constante de los dos medios.
De la psicología:
Los animales en general poseen una necesidad inherente de algún tipo de descarga agresiva.
De la química:
Los ácidos vuelven rojo el papel de tornasol.

Estos son enunciados generales que expresan afirmaciones acerca de las propiedades o el comportamiento de algún aspecto del universo. A diferencia de los enunciados singulares, se refieren a todos los acontecimientos de un determinado tipo en todos los lugares y en todos los tiempos. Todos los planetas, estén donde estén situados, se mueven siempre en elipses alrededor de su sol. Siempre que se produce una refracción lo hace según la ley de refracción enunciada anteriormente. Todas las leyes y teorías que constituyen el conocimiento científico son afirmaciones generales de esa clase y a tales enunciados se les denomina enunciados universales.

Ahora se puede plantear la siguiente cuestión. Si la ciencia se basa en la experiencia, entonces ¿por qué medios se pueden obtener de los enunciados singulares, que resultan de la observación, los enunciados generales que constituyen el conocimiento científico? ¿Cómo se pueden justificar las afirmaciones generales y no restringidas que constituyen nuestras teorías, basándose en la limitada evidencia constituida por un número limitado de enunciados observacionales?

La respuesta inductivista es que, suponiendo que se den ciertas condiciones, es lícito generalizar, a partir de una lista finita de enunciados observacionales singulares, una

ley universal. Por ejemplo, podría ser lícito generalizar, a partir de una lista finita de enunciados observacionales referentes al papel de tornasol que se vuelve rojo al ser sumergido en ácido, esta ley universal: "los ácidos vuelven rojo el papel de tornasol", o generalizar, a partir de una lista de observaciones referentes a mentales calentados, la ley: "los metales se dilatan al ser calentados". Las condiciones que deben satisfacer esas generalizaciones para que el inductivista las considere lícitas se pueden enumerar así:
1) El número de enunciados observacionales que constituyan la base de una generalización debe ser grande.
2) Las observaciones se deben repetir en una amplia variedad de condiciones.
3) Ningún enunciado observacional aceptado debe entrar en contradicción con la ley universal derivada.

La condición 1 se considera necesaria, porque evidentemente no es lícito concluir que todos los metales se dilatan al ser calentados basándose en una sola observación de la dilatación de una barra de metal, por ejemplo, de la misma manera que no es lícito concluir que todos los australianos son unos borrachos basándose en la observación de un australiano embriagado. Serán necesarias una gran cantidad de observaciones antes de que se pueda justificar cualquier generalización. El inductivista insiste en que no debemos sacar conclusiones precipitadas.

Un modo de enunciar el número de observaciones en los ejemplos mencionados sería calentar repetidas veces una misma barra de metal u observar de modo continuado a un australiano que se emborracha noche tras noche, y quizá día tras día. Evidentemente, una lista de enunciados observacionales obtenidos de ese modo formaría una base muy insatisfactoria para las respectivas generalizaciones. Por eso es necesaria la condición 2. "Todos los metales se dilatan al ser calentados" sólo será una generalización lícita si las observaciones de la dilatación en las que se basa abarcan una amplia variedad de condiciones. Habría que calentar diversos tipos de metales, barras de hierro largas, barras de hierro cortas, barras de plata, barras de cobre, etc., a alta y baja presión, a altas y bajas temperaturas, etc. Si en todas las ocasiones todas las muestras de metal calentadas se dilatan, entonces y sólo entonces es lícito generalizar a partir de la lista resultante de enunciados observacionales la ley general. Además, resulta evidente que si se observa que una determinada muestra de metal no se dilata al ser calentada, entonces no estará justificada la generalización universal. La condición 3 es esencial.

El tipo de razonamiento analizado, que nos lleva de una lista finita de enunciados singulares a la justificación de un enunciado universal, que nos lleva de la parte al todo, se denomina razonamiento inductivo y el proceso se denomina inducción. Podríamos resumir la postura ingenua diciendo que, según ella, la ciencia se basa en el principio de inducción, que podemos expresarla así:

Si en una amplia variedad de condiciones se observa una gran cantidad de A y si todos los A observados poseen sin excepción la propiedad B, entonces todos los A tienen la propiedad B.

Así pues, según el inductivista ingenuo el conjunto del conocimiento científico se construye mediante la inducción a partir de la base segura que proporciona la observación. A medida que aumenta el número de hechos establecidos mediante la observación y la experimentación y que se hacen más refinados y esotéricos los hechos debido a las mejoras conseguidas en las técnicas experimentales y observacionales, más son las leyes y teorías, cada vez de mayor generalidad y alcance, que se construyen mediante un cuidadoso razonamiento inductivo. El crecimiento de la ciencia es continuo, siempre hacia adelante y en ascenso, a medida que aumenta el fondo de datos observacionales.

Hasta ahora, el análisis sólo constituye una explicación parcial de la ciencia, ya que, con seguridad, una característica importante de la ciencia es su capacidad de explicar y predecir. El conocimiento científico es lo que permite al astrónomo predecir cuándo se producirá el próximo eclipse solar o al físico explicar por qué el punto de ebullición del agua es inferior al normal en altitudes elevadas. La figura 1 representa, de forma esquemática, un resumen de toda la historia inductivista de la ciencia. El lado izquierdo de la figura se refiere a la derivación de leyes y teorías científicas a partir de la observación que ya hemos analizado. Queda por analizar el lado derecho. Antes de hacerlo, hablaremos un poco del carácter de la lógica y del razonamiento deductivo.

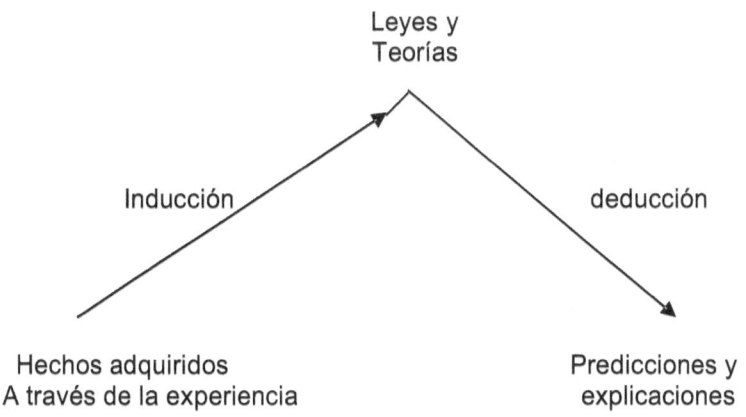

Lógica y razonamiento deductivo

Una vez que un científico tiene a su disposición leyes y teorías universales puede extraer de ellas diversas consecuencias que le sirve como explicaciones y predicciones. Por ejemplo, dado el hecho de que los metales se dilatan al ser calentados es posible derivar el hecho de que los raíles de ferrocarril continuos, sin que existan entre ellos pequeños huecos, se distorsionarán con el calor del sol. Al tipo de razonamiento empleado en las derivaciones de esta clase se le denomina razonamiento deductivo. La deducción es distinta de la inducción de la que ya se habló en la sección anterior.

El estudio del razonamiento deductivo constituye la disciplina de la lógica[13]. No se intentará proporcionar una explicación y valoración detalladas de la lógica en este libro. En lugar de esto, se ilustrarán algunas de las características importantes para nuestro análisis de la ciencia mediante ejemplos triviales.

He aquí un ejemplo de deducción lógica.

Ejemplo 1:
1. Todos los libros de filosofía son aburridos.
2. Este libro es un libro de filosofía.
3. Este libro es aburrido.

En este argumento, (1) y (2) son las premisas y (3) es la conclusión. Es evidente, creo, que si (1) y (2) son verdaderas, (3) ha de ser verdadera. No es posible que (3) sea falsa si (1) y (2) son verdaderas, ya que si (1) y (2) fueran verdaderas y (3) falsa ello supondría una contradicción. Esta es la característica clave de una deducción lógicamente válida. Si las premisas de una

---

[13] A veces se considera que la lógica incluye el estudio del razonamiento inductivo, de manera que hay una lógica inductiva así como una lógica deductiva. En este libro se entenderá que la lógica es solamente el estudio del razonamiento deductivo.

deducción lógicamente válida son verdaderas, entonces la conclusión debe ser verdadera.

Una ligera modificación del ejemplo anterior nos proporcionará un caso de deducción no válida.

Ejemplo 2:
1. Muchos libros de filosofía son aburridos.
2. Este libro es un libro de filosofía.
3. Este libro es aburrido.

En este ejemplo, (3) no se sigue necesariamente de (1) y (2). Es posible que (1) y (2) sean verdaderas y que, no obstante, (3) sea falsa. Aunque (1) y (2) sean verdaderas, puede suceder que este libro sea, sin embargo, uno de los pocos libros de filosofía que no son aburridos. Afirmar que (1) y (2) son verdaderas y que (3) es falsa no supone una contradicción. El argumento no es válido.

El lector se puede sentir ya aburrido. Las experiencias de este tipo tienen que ver, ciertamente, con la verdad de los enunciados (1) y (3) en los ejemplos 1 y 2. Pero una cuestión que hay que señalar aquí es que la lógica y la deducción por sí solas no pueden establecer la verdad de unos enunciados fácticos del tipo que figura en nuestros ejemplos. Lo único que la lógica puede ofrecer a este respecto es que, si las premisas son verdaderas, entonces la conclusión debe ser verdadera. Pero el hecho de que las premisas sean verdaderas o no, no es una cuestión que se pueda resolver apelando a la lógica. Una argumentación puede ser una deducción perfectamente lógica aunque conlleve una premisa que sea de hecho falsa. He aquí un ejemplo:

Ejemplo 3:
1. Todos los gatos tienen cinco patas.
2. Bugs Pussy es mi gato.
3. Bugs Pussy tiene cinco patas.

Esta deducción en perfectamente válida. El caso es que si (1) y (2) son verdaderas, entonces (3) debe ser verdadera. Sucede que en este ejemplo (1) y (3) son falsas, pero esto no afecta a la condición de la argumentación como deducción válida. Así pues, la lógica deductiva por sí sola no actúa como fuente de enunciados verdaderos acerca del mundo. La deducción se ocupa de la derivación de enunciados a partir de otros enunciados dados.

La predicción y la explicación en el inductivismo

Ahora estamos en condiciones de comprender de una manera simple el funcionamiento de las leyes y teorías como aparatos explicatorios y predictivos en la ciencia. Una vez más comenzaré con un ejemplo trivial para ilustrar la cuestión. Consideremos el siguiente argumento:

1. El agua completamente pura se congela a unos 0o c (si se le da tiempo suficiente).
2. El radiador de mi coche contiene agua completamente pura.
3. Si la temperatura baja a Oo c, el agua del radiador de mi coche se congelará (si se le da tiempo suficiente).

Aquí tenemos un ejemplo de argumentación lógica válida para deducir la predicción (3) del conocimiento científico contenido en la premisa (1). Si (1) y (2) son verdaderas, (3) debe ser verdadera. Sin embargo, la verdad de (1), (2) y (3) no se establece gracias a ésta o a otra deducción. Para un inductivista, la fuente de la verdad no es la lógica, sino la experiencia. Desde este punto de vista, (1) se determinará por la observación directa del agua congelada. Una vez que se han establecido (1) y (2) mediante la observación y la inducción, se puede deducir de ellas la predicción (3).

El encanto del inductivista ingenuo

La concepción inductivista ingenua de la ciencia tiene ciertos méritos aparentes. Su atractivo parece residir en el hecho de que proporciona una explicación formalizada de algunas de las impresiones populares sobre el carácter de la ciencia, su poder explicativo y predictivo, su objetividad y su superior fiabilidad en comparación con otras formas de conocimiento.

Ya hemos visto cómo el inductivista ingenuo da cuenta del poder explicatorio y predictivo de la ciencia.

La objetividad de la ciencia inductivista se deriva del hecho de que tanto la observación como el razonamiento inductivo son objetivos en sí mismo. Cualquier observador que haga un uso normal de sus sentidos puede averiguar enunciados observacionales. No se permite que se inmiscuya ningún elemento personal, subjetivo. La validez de los enunciados observacionales, cuando se obtienen de manera correcta, no dependen del gusto, la opinión, las esperanzas o las expectativas del observador. Lo mismo se puede decir del razonamiento inductivo, mediante el cual se deriva el conocimiento científico a partir de los enunciados observacionales. O las inducciones satisfacen las condiciones prescritas o no las satisfacen. No es una cuestión subjetiva de opinión.

La fiabilidad de la ciencia se sigue de las afirmaciones de inductivistas acerca de la observación y la inducción. Los enunciados observacionales que forman la base de la ciencia son seguros y fiables porque su verdad se puede determinar haciendo uso directo de los sentidos. Además, la fiabilidad de los enunciados observacionales se transmitirá a las leyes y teorías derivadas de ellos, siempre que se satisfagan las condiciones para una lícita inducción, lo cual queda garantizado por el principio de inducción que forma la base de la ciencia según el inductivista ingenuo.

El paradigma de la complejidad

No hace falta creer que la cuestión de la complejidad se plantea solamente hoy en día, a partir de nuevos desarrollos científicos. Hace falta ver la complejidad allí donde ella parece estar, por lo general, ausente, como, por ejemplo, en la vida cotidiana.

La complejidad en ese dominio ha sido percibida y descrita por la novela del siglo XIX y comienzos del XX. Mientras que en esa misma época, la ciencia trataba de eliminar todo lo que fuera individual y singular, para retener nada más que las leyes generales y las identidades simples y cerradas, mientras expulsaba incluso al tiempo de su visión del mundo, la novela, por el contrario (Balzac en Francia, Dickens en Inglaterra) nos mostraban seres singulares en sus contextos y en su tiempo. Mostraba que la vida cotidiana es, de hecho, una vida en la que cada uno juega varios roles sociales, de acuerdo a quien sea en soledad, en su trabajo, con amigos o con desconocidos. Vemos así que cada ser tiene una multiplicidad de identidades, una multiplicidad de personalidades en sí mismo, un mundo de fantasmas y de sueños que acompañan su vida. Por ejemplo, el tema del monólogo interior, tan importante en la obra de Faulkner, era parte de esa complejidad. Ese *inner-speech*, esa palabra permanente es revelada por la literatura y por la novela, del mismo modo que ésta nos reveló también que cada uno se conoce muy poco a sí mismo; en inglés, se llama a eso *self-deception*, el engaño de sí mismo. Sólo conocemos una apariencia del sí mismo; uno se engaña acerca de sí mismo. Incluso los escritores más sinceros, como Jean Jacques Rousseau, Chateaubriand, olvidan siempre, en su esfuerzo por ser sinceros, algo importante acerca de sí mismos.

La relación ambivalente con los otros, las verdaderas mutaciones de personalidad como la ocurrida en Dostoievski, el hecho de que somos llevados por la historia sin saber mucho cómo sucede, del mismo modo que Fabrice del Longo o el príncipe Andrés, el hecho de que el mismo ser se transforma a lo largo del tiempo como lo muestran admirablemente A la recherche du temps perdu y, sobre todo, el final de Temps retrouvé de Proust, todo ello indica que no es solamente la sociedad la que es compleja, sino también cada átomo del mundo humano.

Al mismo tiempo, en el siglo XIX, la ciencia tiene un ideal exactamente opuesto. Ese ideal se afirma en la visión del mundo de Laplace, a comienzos del siglo XIX. Los científicos, de Descartes a Newton, tratan de concebir un universo que sea una máquina determinista perfecta. Pero Newton, como Descartes, tenía necesidad de Dios para explicar cómo ese mundo perfecto había sido producido. Laplace elimina a Dios. Cuando Napoleón le pregunta: "¿pero señor Laplace, qué hace usted con Dios en su sistema?", Laplace responde: "señor, yo no necesito esa hipótesis". Para Laplace, el mundo es una máquina determinista verdaderamente perfecta, que se basta a sí misma. El supone que un demonio que poseyera una inteligencia y unos sentidos casi infinitos podría conocer todo acontecimiento del pasado y todo acontecimiento del futuro. De hecho, esa concepción, que creía poder arreglárselas sin Dios, había introducido en su mundo los atributos de la divinidad: la perfección, el orden absoluto, la inmortalidad y la eternidad. Es ese mundo el que va a desordenarse y luego desintegrarse.

El paradigma de la simplicidad

Para comprender el problema de la complejidad, hay que saber, antes que nada, que hay un paradigma de la simplicidad. La palabra paradigma es empleada a menudo. En nuestra concepción, un paradigma está constituido por un cierto tipo de relación lógica extremadamente fuerte entre nociones maestras, nociones clave, principios clave. Esa relación y esos principios van a gobernar todos los discursos que obedecen, inconscientemente, a su gobierno.

Así es que el paradigma de simplicidad es un paradigma que pone orden en el universo, y persigue al desorden. El orden se reduce a una ley, a un principio. La simplicidad ve a lo uno y ve a lo múltiple, pero no puede ver que lo Uno puede, al mismo tiempo, ser Múltiple. El principio de simplicidad o bien separa lo que está ligado (disyunción), o bien unifica lo que es diverso (reducción).

Tomemos como ejemplo al hombre. El hombre es un ser evidentemente biológico. Es, al mismo tiempo, un ser evidentemente cultural, meta-biológico y que vive en un universo del lenguaje, de ideas y de consciencia. Pero, a esas dos realidades, la realidad biológica y la realidad cultural, el paradigma de la simplificación nos obliga ya sea a desunirlas, ya sea a reducir la más compleja a la menos compleja. Vamos entonces a estudiar al hombre biológico en el departamento de Biología, como un ser anatómico, fisiológico, etc., y vamos a estudiar al hombre cultural en los departamentos de ciencias humanas y sociales. Vamos a estudiar al cerebro como órgano biológico y vamos a estudiar al espíritu, *the mind*, como función o realidad psicológica. Olvidamos que uno no existe sin el otro; más aún, que uno es, al mismo tiempo, el otro, si bien son tratados con términos y conceptos diferentes.

Con esa voluntad de simplificación, el conocimiento científico se daba por misión la de develar la simplicidad escondida detrás de la aparente multiplicidad y el aparente desorden de los fenómenos. Tal vez sea que, privados de un Dios en el que no podían creer más, los científicos tenían una necesidad, inconscientemente, de verse reasegurados. Sabiéndose vivos en un universo materialista, mortal, sin salvación, tenían necesidad de saber que había algo perfecto y eterno: el universo mismo. Esa mitología extremadamente poderosa, obsesiva aunque oculta, ha animado al movimiento de la física. Hay que reconocer que esa mitología ha sido fecunda porque la búsqueda de la gran ley del universo ha conducido a descubrimientos de leyes mayores tales como las de gravitación, el electromagnetismo, las interacciones nucleares fuertes y luego, débiles.

Hoy, todavía, los científicos y los físicos tratan de encontrar la conexión entre esas diferentes leyes, que representaría una verdadera ley única.

La misma obsesión ha conducido a la búsqueda del ladrillo elemental en el cual estaba construido el universo. Hemos, ante todo, creído encontrar la unidad de base en la molécula. El desarrollo de instrumentos de observación ha revelado que la molécula misma estaba compuesta de átomos. Luego nos hemos dado cuenta que el átomo era, en sí mismo, un sistema muy complejo, compuesto de un núcleo y de electrones. Entonces, la partícula devino la unidad primaria. Luego nos hemos dado cuenta que las partículas eran, en sí mismas, fenómenos que podían ser divididos, teóricamente en quarks. Y, en el momento en que creíamos haber alcanzado el ladrillo elemental con el cual nuestro universo estaba construido, ese ladrillo ha desaparecido en tanto ladrillo. Es una entidad difusa, compleja, que no llegamos a aislar. La obsesión de la complejidad condujo a la aventura científica a descubrimientos imposibles de concebir en términos de simplicidad.

Lo que es más, en el siglo XX tuvo lugar este acontecimiento mayor: la irrupción del desorden en el universo físico. En efecto, el segundo principio de la termodinámica, formulado por Carnot y por Clausius, es, primeramente, un principio de degradación de energía. El primer principio, que es el principio de la conservación de la energía, se acompaña de un principio que dice que la energía se degrada bajo la forma de calor. Toda actividad, todo trabajo, produce calor; dicho de otro modo, toda utilización de la energía tiende a degradar dicha energía.

Luego nos hemos dado cuenta, con Boltzman, que eso que llamamos calor es, en realidad, la agitación en desorden de moléculas y de átomos. Cualquiera puede verificar, al empezar a calentar un recipiente con agua, que aparecen vibraciones y que se produce un arremolinamiento de moléculas. Algunas vuelan hacia la atmósfera hasta que todas se dispersan. Efectivamente, llegamos al desorden total. El desorden está, entonces, en el universo físico, ligado a todo trabajo, a toda transformación.

Orden y desorden en el universo

Al comienzo del siglo XX la reflexión sobre el universo chocaba contra una paradoja. Por una parte, el segundo principio de la termodinámica indicaba que el universo tendía a la entropía general, es decir, al desorden máximo, y, por otra parte, parecía que en este mismo universo las cosas se organizaban, se complejizaban y se desarrollaban.

En la medida en que nos limitábamos al planeta, algunos pudieron pensar que se trataba de la diferencia entre la organización viviente y la organización física: la organización física tendía hacia la degradación, pero la organización viviente, fundada sobre una materia específica, mucho más noble, tendía al desarrollo... Nos olvidábamos de dos cosas. En primer lugar: ¿cómo estaba constituida esa organización física?, ¿cómo estaban constituidos los astros y cómo las moléculas? Más aún, olvidábamos otra cosa: la vida es un progreso que se paga con la muerte de los individuos; la evolución biológica se paga con la muerte de innumerables especies; hay muchas más especies que desaparecieron desde el origen de la vida, que especies que hayan sobrevivido. La degradación y el desorden conciernen también a la vida.

Por lo tanto, la dicotomía no era posible. Hicieron falta estos últimos decenios para que nos diéramos cuenta que el desorden y el orden, siendo enemigos uno del otro, cooperaban, de alguna manera, para organizar al universo.

Nos damos cuenta, por ejemplo, al considerar los remolinos de Benard. Tomemos un recipiente cilíndrico en el que hay un líquido, al que calentamos por debajo. A una cierta temperatura, el movimiento de agitación, en lugar de acrecentarse él mismo, produce una forma arremolinada organizada de carácter estable, formando sobre la superficie células hexagonales regularmente ordenadas.

A menudo, en el punto de encuentro entre un flujo y un obstáculo, se crea un remolino, es decir, una forma organizada constante y que se reconstituye sin cesar a sí misma; la unión del flujo y del contra-flujo produce esa forma organizada que va a durar indefinidamente, en la medida en que el flujo dure y en que el obstáculo esté allí. Es decir que un orden organizacional (remolino) puede nacer a partir de un proceso que produce desorden (turbulencia).

Esta idea ha debido ser amplificada de manera cósmica cuando llegamos, a partir de los años 1960-1966, a la opinión cada vez más plausible de que nuestro universo, que sabíamos estaba en curso de dilatarse a partir del descubrimiento de Hubble de la expansión de las galaxias, era también un universo del cual provenía, desde todos los horizontes, una radiación isotrópica, que semejaba ser el resto fósil de una suerte de explosión inicial. De allí la teoría dominante en el mundo actual de los astrofísicos, de un origen del universo que fuera una explosión, un *big-bang*. Eso nos condujo a una idea sorprendente: el universo comienza como una desintegración, y es desintegrándose que se organiza. En efecto, es en el curso de esa agitación calórico intensa –el calor es agitación, remolino, movimiento en todos los sentidos– que se van a formar las partículas y que ciertas partículas van a unirse unas a otras.

Van a crearse también los núcleos de helio, de hidrógeno, y luego otros procesos debidos, evidentemente, a la gravitación, van a reunir a los polvos de partículas y esos polvos van a concentrarse cada vez más hasta llegar a un momento en el que, al incrementarse el calor, se generará una temperatura de explosión mediante la cual se producirá el alumbramiento de las estrellas, y esas mismas estrellas se auto-organizarán entre implosión y explosión.

Más aún, podemos suponer que en el interior de esas estrellas van, tal vez, a unirse, en condiciones extremadamente desordenadas, tres núcleos de helio, los cuales van a constituir el átomo de carbono. En los soles que se han sucedido hubo, tal vez, suficiente carbono para que, finalmente, sobre un pequeño planeta excéntrico, la tierra, hubiera ese material necesario sin el cual no habría eso que llamamos vida.

Vemos cómo la agitación, el encuentro al azar, son necesarios para la organización del universo. Podemos decir que el mundo se organiza desintegrándose. He aquí una idea típicamente compleja. ¿En qué sentido? En el sentido de que debemos unir a dos nociones que, lógicamente, parecieran excluirse: orden y desorden. Más aún, podemos pensar que la complejidad de esta idea sea aún más fundamental. En efecto, el universo nació en un momento indescriptible, que hizo nacer al tiempo del no-tiempo, al espacio del no-espacio, a la materia de la no-materia. Llegamos, por medios completamente racionales a ideas que llevan en sí una contradicción fundamental.

La complejidad de la relación orden-desorden-organización surge, entonces, cuando se constata empíricamente qué fenómenos desordenados son necesarios en ciertas condiciones, en ciertos casos, para la producción de fenómenos organizados, los cuales contribuyen al incremento del orden.

El orden biológico es un orden más desarrollado que el orden físico: es un orden que se desarrolló con la vida. Al mismo tiempo, el mundo de la vida incluye y tolera mucho más desórdenes que el mundo de la física. Dicho de otro modo, el desorden y el orden se incrementan mutuamente en el seno de una organización que se ha complejizado.

Podemos retomar la frase célebre de Heráclito que, siete siglos antes de Cristo, decía de manera lapidaria, "vivir de muerte, morir de vida". Hoy, sabemos que esa no es una paradoja fútil. Nuestros organismos no viven más que por su trabajo incesante, en el curso del cual se degradan las moléculas de nuestras células. No solamente se degradan las moléculas de nuestras células, sino que nuestras células mismas mueren. Sin cesar, en el curso de nuestra vida, muchas veces, nuestras células son renovadas, al margen de aquellas del cerebro y de, probablemente, algunas células hepáticas.

Vivir, de alguna manera, es morir y rejuvenecerse sin cesar. Dicho de otro modo, vivimos de la muerte de nuestras células, así como una sociedad vive de la muerte de sus individuos, lo que le permite rejuvenecer.

Pero a fuerza de rejuvenecer, envejecemos, y el proceso de rejuvenecimiento se entorpece, se desorganiza y, efectivamente, si se vive de muerte, se muere de vida.

Hoy en día, la concepción física del universo nos confronta con la imposibilidad de pensar al mismo tiempo en términos simples. La micro-física ha encontrado una primera paradoja, por la cual la noción misma de materia pierde su sustancia, la noción de partícula encuentra, en sí misma, una contradicción interna. Luego, ella ha encontrado una segunda paradoja. Ésta provino del éxito del experimento de Aspect mostrando que las partículas pueden comunicarse a velocidades infinitas. Dicho de otra manera, en nuestro universo, sometido al tiempo y al espacio, hay algo que parece escapar al tiempo y al espacio.

Existe tal complejidad en el universo, ha aparecido una serie tal de contradicciones, que ciertos científicos creen trascender esa contradicción, mediante algo que podríamos llamar una nueva metafísica. Estos nuevos metafísicos buscan en los místicos, principalmente del Extremo Oriente, y más que nada budistas, la experiencia de vacío que es todo y del todo que es nada. Ellos perciben allí una especie de unidad fundamental, donde todo está ligado, todo es, de algún modo, armonía, y tienen una visión reconciliada, hasta diría eufórica, del mundo.

Haciendo eso, ellos escapan, diría yo, a la complejidad. ¿Por qué? Porque la complejidad está allí donde no podemos remontar una contradicción y aún una tragedia. La física actual descubre que, bajo ciertas condiciones, algo escapa al tiempo y al espacio, pero ello no anula el hecho de que, al mismo tiempo, nosotros estamos, indiscutiblemente, en el tiempo y en el espacio.

No podemos reconciliar esas dos ideas. ¿Debemos aceptarlas como tales? La aceptación de la complejidad es la aceptación de una contradicción, es la idea de que no podemos escamotear las contradicciones con una visión eufórica del mundo.

Bien entendido, nuestro mundo incluye a la armonía, pero esa armonía está ligada a la desarmonía. Es exactamente lo que decía Heráclito: hay armonía en la desarmonía, y viceversa.

Auto-organización

Es difícil concebir la complejidad de lo real. Así es que los físicos abandonan muy felizmente al antiguo materialismo ingenuo, aquel de la materia como sustancia dotada de todas las virtudes productivas, porque esa materia sustancial ha desaparecido. Reemplazan, entonces, la materia con el espíritu. Pero el espiritualismo generalizado no vale mucho más que el materialismo generalizado. Se regocijan en una visión unificadora y simplificadora del universo.

He hablado de la física, pero podríamos hablar también de la biología. La biología ha llegado hoy, desde mi punto de vista, a las puertas de la complejidad, sin disolver a lo individual en lo general.

Pensábamos que no había ciencia sino de lo general. Hoy, no solamente la física nos introduce en un cosmos singular, sino que las ciencias biológicas nos dicen que la especie no es un marco general dentro del cual nacen individuos singulares, la especie es en sí misma un *pattern* singular muy preciso, un productor de singularidades. Más aún, los individuos de una misma especie son muy diferentes unos de otros.

Pero hay que comprender que hay algo más que la singularidad o la diferencia de un individuo a otro, el hecho de que cada individuo sea un sujeto.

El término sujeto es uno de los términos más difíciles, más malentendidos que pueda haber. ¿Por qué? Porque en la visión tradicional de la ciencia en la cual todo es determinista, no hay sujeto, no hay consciencia, no hay autonomía.

Si concebimos un universo que no sea más un determinismo estricto, sino un universo en el cual lo que se crea, se crea no solamente en el azar y el desorden, sino mediante procesos autoorganizadores, es decir, donde cada sistema crea sus propios determinantes y sus propias finalidades, podemos comprender entonces, como mínimo, la autonomía, y podemos luego comenzar a comprender qué quiere decir ser sujeto.

Ser sujeto no quiere decir ser consciente; no quiere tampoco decir tener afectividad, sentimientos, aunque la subjetividad humana se desarrolla, evidentemente, con afectividad, con sentimientos. Ser sujeto es ponerse en el centro de su propio mundo, ocupar el lugar del "yo". Es evidente que cada uno de nosotros puede decir "yo"; todo el mundo puede decir "yo", pero cada uno de nosotros no puede decir "yo" más que por sí mismo. Nadie puede decirlo por otro, incluso si alguien tiene un hermano gemelo, homocigoto, que se le parezca exactamente, cada uno dirá "yo" por sí mismo, y no por su gemelo.

El hecho de poder decir "yo", de ser sujeto, es ocupar un sitio, una posición en la cual uno se pone en el centro de su mundo para poder tratarlo y tratarse a sí mismo. Eso es lo que uno puede llamar egocentrismo. Bien entendida, la complejidad individual es tal que, al ponernos en el centro de nuestro mundo, ponemos también a los nuestros: es decir, a nuestros padres, nuestros hijos, nuestros conciudadanos, y somos incluso capaces de sacrificar nuestras vidas por los nuestros. Nuestro egocentrismo puede hallarse englobado en una subjetividad comunitaria más amplia; la concepción de sujeto debe ser compleja.

Ser sujeto, es ser autónomo siendo, al mismo tiempo, dependiente. Es ser algo provisorio, parpadeante, incierto, es ser casi todo para sí mismo, y casi nada para el universo.

Autonomía

La noción de autonomía humana es compleja porque depende de condiciones culturales y sociales. Para ser nosotros mismos, nos hace falta aprender un lenguaje, una cultura, un saber, y hace falta que esa misma cultura sea suficientemente variada como para que podamos hacer, nosotros mismos, la elección dentro del surtido de ideas existentes y reflexionar de manera autónoma. Esa autonomía se nutre, por lo tanto, de dependencia; dependemos de una educación, de un lenguaje, de una cultura, de una sociedad, dependemos, por cierto, de un cerebro, el mismo producto de un programa genético, y dependemos también de nuestros genes.

Dependemos de nuestros genes y, de una cierta manera, somos poseídos por nuestros genes, porque ellos no dejan de dictar a nuestro organismo el modo de continuar viviendo. Recíprocamente, poseemos los genes que nos poseen, es decir, que somos capaces, gracias a esos genes, de tener un cerebro, de tener un espíritu, de poder tomar, dentro de una cultura, los elementos que nos interesan y desarrollar nuestras propias ideas.

Aquí también hay que volver a la literatura, a esas novelas que (como Los *endemoniados*, justamente) nos muestran hasta qué punto podemos ser autónomos y poseídos.

El origen de la consciencia [14], es un libro tal vez discutible, pero interesante por la idea siguiente: en las civilizaciones antiguas, los individuos tenían dos cámaras no comunicantes en su espíritu. Una cámara estaba ocupada por el poder: el rey, la teocracia, los dioses; la otra cámara estaba ocupada por la vida cotidiana del individuo: sus ansiedades personales, particulares. Más tarde, en un momento dado, en la ciudad griega antigua, hubo una ruptura del muro que separaba ambas cámaras. El origen de la consciencia proviene de esa comunicación.

Aún hoy conservamos dos cámaras en nosotros. Continuamos siendo poseídos por una parte de nosotros mismos, al menos. Más frecuentemente, ignoramos que somos poseídos.

Es el caso, por ejemplo, del experimento tan impactante en el cual se somete a un sujeto a una doble sugestión hipnótica. Se le dice: "a partir de mañana, usted va a dejar de fumar", siendo que el sujeto es un fumador y que no ha pedido dejar de fumar. Y se agrega: "mañana usted hará tal itinerario para ir a su trabajo", itinerario totalmente infrecuente para él. Luego, se le hace borrar de su memoria estas inducciones. A la mañana siguiente, él se despierta y se dice: "bueno, voy a dejar de fumar. De hecho, es mejor, porque se respira mejor, se evita el cáncer..." Luego él se dice: "para recompensarme, voy a pasar por tal calle, donde hay una confitería, y me compraré una torta". Es, evidentemente, el trayecto que le fue dictado.

---

[14] J. Jaynes, The orygine of conciousness in the Breakdown of bicanmeral Mind, Boston, Houghton, Mifflin, 1976.

Lo que nos interesa aquí es que él tiene la impresión de haber decidido libremente dejar de fumar, y haber decidido racionalmente pasar por la calle a la que él no tenía ninguna razón para ir. Cuán a menudo tenemos la impresión de ser libres sin ser libres. Pero, al mismo tiempo, somos capaces de libertad, del mismo modo que somos capaces de examinar hipótesis de conducta, de hacer elecciones, de tomar decisiones. Somos una mezcla de autonomía, de libertad, de heteronomía e incluso, yo diría, de posesión por fuerzas ocultas que no son simplemente las del inconsciente descubiertas por el psicoanalista. He aquí una de las complejidades propiamente humanas.

Complejidad y completud

La complejidad aparecía al comienzo como una especie de hiato, de confusión, de dificultad. Hay, por cierto, muchos tipos de complejidad. Digo la complejidad por comodidad. Pero están las complejidades ligadas al desorden, y otras complejidades que están sobre todo ligadas a contradicciones lógicas.

Podemos decir que aquello que es complejo recupera, por una parte, al mundo empírico, la incertidumbre, la incapacidad de lograr la certeza, de formular una ley, de concebir un orden absoluto. Y recupera, por otra parte, algo relacionado con la lógica, es decir, con la incapacidad de evitar contradicciones.

En la visión clásica, cuando una contradicción aparecía en un razonamiento, era una señal de error. Significaba dar marcha atrás y emprender otro razonamiento. Pero en la visión compleja, cuando se llega por vías empírico-racionales a contradicciones, ello no significa un error sino el hallazgo de una capa profunda de la realidad que, justamente porque es profunda, no puede ser traducida a nuestra lógica.

Por eso es que la complejidad es diferente de la completud. Creemos, a menudo, que los que enarbolan la complejidad pretenden tener visiones completas de las cosas. ¿Por qué lo pensarían así? Es verdad que pensamos que no podemos aislar los objetos uno de otros. En última instancia, todo es solidario. Si tenemos sentido de la complejidad, tenemos sentido de la solidaridad. Más aún, tenemos sentido del carácter multidimensional de toda realidad.

La visión no compleja de las ciencias humanas, de las ciencias sociales, implica pensar que hay una realidad económica, por una parte, una realidad psicológica, por la otra, una realidad demográfica más allá, etc. Creemos que esas características creadas por las universidades son realidades, pero olvidamos que, en lo económico, por ejemplo, están las necesidades y los deseos humanos. Detrás del dinero, hay todo un mundo de pasiones, está la psicología humana. Incluso en los fenómenos económicos stricto sensu, juegan los fenómenos de masa, los fenómenos de pánico, como lo vimos recientemente, una vez más, en Wall Street y alrededores. La dimensión económica contiene a las otras dimensiones y no hay realidad que podamos comprender de manera unidimensional.

La consciencia de la multidimensionalidad nos lleva a la idea de que toda visión unidimensional, toda visión especializada, parcial, es pobre. Es necesario que sea religada a otras dimensiones; de allí la creencia de que podemos identificar la complejidad con la completud.

En un sentido, yo diría que la aspiración a la complejidad lleva en sí misma la aspiración a la completud, porque sabemos que todo es solidario y multidimensional. Pero, en otro sentido, la consciencia de la complejidad nos hace comprender que no podremos escapar jamás a la incertidumbre y que jamás podremos tener un saber total: "la totalidad es la no verdad".

Estamos condenados al pensamiento incierto, a un pensamiento acribillado de agujeros, a un pensamiento que no tiene ningún fundamento absoluto de certidumbre. Pero somos capaces de pensar en esas condiciones dramáticas. Del mismo modo, no hay que confundir complejidad y complicación. La complicación, que es el entrelazamiento extremo de las inter-retroacciones, es un aspecto, uno de los elementos de la complejidad. Si, por ejemplo, una bacteria es ya mucho más complicada que el conjunto de las fábricas que rodean a Montreal, es evidente que esa complicación está, ella misma, ligada a la complejidad que le permite tolerar en sí misma el desorden, luchar contra sus agresores, acceder a la calidad de sujeto, etc. Complejidad y complicación no son datos antinómicos, ni se reducen el uno al otro. La complicación es uno de los constituyentes de la complejidad.

Razón, racionalidad, racionalización

Llegamos a los instrumentos que nos permitirán conocer el universo completo. Esos instrumentos son, evidentemente, de naturaleza racional. Sólo que, también aquí, es necesaria una auto-crítica compleja de la noción de razón.

La razón corresponde a una voluntad de tener una visión coherente de los fenómenos, de las cosas y del universo. La razón tiene un aspecto indiscutiblemente lógico. Pero, aquí también, podemos distinguir entre racionalidad y racionalización.

La racionalidad es el juego, el diálogo incesante, entre nuestro espíritu, que crea las estructuras lógicas, que las aplica al mundo, y que dialoga con ese mundo real. Cuando ese mundo no está de acuerdo con nuestro sistema lógico, hay que admitir que nuestro sistema lógico es insuficiente, que no se encuentra más que con una parte de lo real. La racionalidad, de algún modo, no tiene jamás la pretensión de englobar la totalidad de lo real dentro de un sistema lógico, pero tiene la voluntad de dialogar con aquello que lo resiste. Como lo decía ya Shakespeare: "hay más cosas en el mundo que en toda nuestra filosofía". El universo es mucho más rico que lo que las estructuras de nuestro cerebro, por más desarrolladas que sean, puedan concebir.

¿Qué es la racionalización? Racionalización, palabra empleada muy apropiadamente para hablar de patología, por Freud y por muchos psiquiatras. La racionalización consiste en querer encerrar la realidad dentro de un sistema coherente. Y todo aquello que contradice, en la realidad, a ese sistema coherente, es descartado, olvidado, puesto al margen, visto como ilusión o apariencia.

Nos damos cuenta ahora que racionalidad y racionalización tienen exactamente la misma fuente, pero al desarrollarse se vuelven enemigas una de otra. Es muy difícil saber en qué momento pasamos de la racionalidad a la racionalización; no hay fronteras; no hay señales de alarma. Todos tenemos una tendencia inconsciente a descartar de nuestro espíritu lo que lo va a contradecir, tanto en política como en filosofía. Vamos a minimizar o rechazar los argumentos contrarios. Vamos a tener una atención selectiva hacia aquello que favorece a nuestra idea y una inatención selectiva hacia aquello que la desfavorece. A menudo, la racionalización se desarrolla en el espíritu mismo de los científicos.

La paranoia es una forma clásica de racionalización delirante. Vemos, por ejemplo, a alguien que nos mira en forma inusual y, si tenemos el espíritu un tanto agitado, vamos a suponer que es un espía que nos sigue. En ese caso, miramos a gente sospechando que son espías y esa gente, mirando nuestra mirada inusual, nos mira de modo más y más inusual, y nosotros nos vemos cada vez más racionalmente rodeados de más y más espías.

No hay fronteras netas entre la paranoia, la racionalización y la racionalidad. Debemos prestar atención sin cesar. Los filósofos del siglo XVIII tenían, en nombre de la razón, una visión muy poco racional acerca de lo que eran los mitos y la religión. Creían que la religión y los dioses habían sido inventados por los clérigos para burlar a la gente. No se daban cuenta de la profundidad y de la realidad de la fuerza religiosa y mitológica en el ser humano. Por ello mismo, se habían deslizado hacia la racionalización, es decir, hacia la explicación simplista de aquello que su razón no alcanzaba a comprender. Hicieron falta nuevos desarrollos de la razón para comenzar a comprender al mito. Hizo falta que la razón crítica se volviera autocrítica. Debemos luchar sin cesar contra la deificación de la Razón que es, sin embargo, nuestro único instrumento fiable de conocimiento, a condición de ser no solamente crítico, sino autocrítico.

Subrayaré la importancia de esto: a comienzos del siglo pasado, los antropólogos occidentales, como Levy-Bruhl en Francia, estudiaban a las sociedades a las que creían "primitivas", a las que llamamos hoy, más concretamente "sociedades de cazadores-recolectores", que hicieron la prehistoria humana, esas sociedades de algunos centenares de individuos que, durante decenas de millones de años, constituyeron, de algún modo, a la humanidad. Levy-Bruhl veía a esos supuestos primitivos, con las ideas de su propia razón occidentalo-céntrica de la época, como seres infantiles e irracionales.

No se hacía la pregunta que se había hecho Wittgenstein cuando se planteaba, leyendo La *rama dorada* de Frazer: "¿cómo es que todos esos salvajes, que se pasan el tiempo haciendo sus rituales de hechicería, sus rituales propiciatorios, sus encantamientos, sus diseños, etc., no se olvidan de hacer flechas reales con arcos reales, con estrategias reales?". Efectivamente, esas sociedades llamadas primitivas, tienen una gran racionalidad, presente, de hecho, en todas sus prácticas, en su conocimiento del mundo, difundida y mezclada con otra cosa, que es la magia, la religión, la creencia en los espíritus, etc. Nosotros mismos, que vivimos en una cultura que desarrolló ciertas áreas de racionalidad, como la filosofía o la ciencia, vivimos también imbuidos de mitos, de magia, pero de otro tipo, de otra clase. Tenemos, entonces, necesidad de una racionalidad autocrítica, que pueda ejercer un comercio incesante con el mundo empírico, el único corrector del delirio lógico.

El hombre tiene dos tipos de delirio. Uno es, evidentemente, bien visible, es el de la incoherencia absoluta, las onomatopeyas, las palabras pronunciadas al azar. El otro es mucho menos visible, es el delirio de la coherencia absoluta. El recurso contra este segundo delirio es la racionalidad autocrítica y la utilización de la experiencia.

Jamás la filosofía hubiera podido concebir esta formidable complejidad del universo actual, tal como pudimos observarla con los quanta, los quasars, los agujeros negros, con su origen increíble y su devenir incierto. Jamás un pensador hubiera podido imaginar que una batería fuera un ser de tan extrema complejidad. Tenemos necesidad de un diálogo permanente con el descubrimiento. La virtud de la ciencia, que le impide zozobrar en el delirio, es que datos nuevos arriban sin cesar y la llevan a cambiar sus visiones y sus ideas.

Necesidad de macro-conceptos

Voy a concluir con algunos principios que pueden ayudarnos a pensar la complejidad de lo real.

Ante todo, creo que tenemos necesidad de macro-conceptos. Del mismo modo que un átomo es una constelación de partículas, que el sistema solar es una constelación alrededor de un astro, del mismo modo tenemos necesidad de pensar mediante constelación y solidaridad de conceptos.

Más aún, debemos saber que, con respecto a las cosas más importantes, los conceptos no se definen jamás por sus fronteras, sino a partir de su núcleo. Es una idea anticartesiana, en el sentido que Descartes pensaba que la distinción y la claridad eran características intrínsecas de la verdad de una idea.

Tomemos el amor y la amistad. Podemos reconocer netamente, en su centro, al amor y la amistad, pero está también la amistad amorosa, y los amores amigables. Están aún los casos intermedios, las mezclas entre amor y amistad; no hay una frontera neta. No hay que tratar nunca de definir a las cosas importantes por las fronteras. Las fronteras son siempre borrosas, son siempre superpuestas. Hay que tratar, entonces, de definir el corazón, y esa definición requiere, a menudo, macro-conceptos.

Tres principios

Diré finalmente, que hay tres principios que pueden ayudarnos a pensar la complejidad. El primero es el principio que llamo dialógico. Tomemos el ejemplo de la organización viviente. Ella nació, sin duda, del encuentro entre dos tipos de entidades físico-químicas, un tipo estable que puede reproducirse y cuya estabilidad puede llevar en sí misma una memoria que se vuelve hereditaria: el ADN y, por otra parte, los aminoácidos, que forman las proteínas de formas múltiples, extremadamente inestables, que se degradan pero se reconstituyen sin cesar a partir de mensajes que surgen del ADN. Dicho de otro modo, hay dos lógicas: una, la de una proteína inestable, que vive en contacto con el medio, que permite la existencia fenoménica, y otra, que asegura la reproducción. Estos dos principios no están simplemente yuxtapuestos, son necesarios uno para el otro. El proceso sexual produce individuos, los cuales producen al proceso sexual. Los dos principios, el de la reproducción transindividual, y el de la existencia individual *hic et nunc*, son complementarios, pero también antagonistas. A veces, uno se sorprende de ver mamíferos comiendo a sus crías y sacrificando su progenie por su propia supervivencia. Nosotros mismos podemos oponernos violentamente a nuestra familia y preferir nuestro interés al de nuestros niños o el de nuestros padres. Hay una dialógica entre estos dos principios.

Lo que he dicho del orden y el desorden puede ser concebido en términos dialógicos. Orden y desorden son dos enemigos: uno suprime al otro pero, al mismo tiempo, en ciertos casos, colaboran y producen la organización y la complejidad. El principio dialógico nos permite mantener la dualidad en el seno de la unidad. Asocia dos términos a la vez complementarios y antagonistas.

El segundo principio es el de recursividad organizacional. Para darle significado a ese término, yo utilizo el proceso del remolino. Cada momento del remolino es producido y, al mismo tiempo, productor. Un proceso recursivo es aquel en el cual los productos y los efectos son, al mismo tiempo, causas y productores de aquello que los produce. Reencontramos el ejemplo del individuo, somos los productores de un proceso de reproducción que es anterior a nosotros. Pero, una vez que somos producidos, nos volvemos productores del proceso que va a continuar. Esta idea es válida sociológicamente. La sociedad es producida por las interacciones entre individuos, pero la sociedad, una vez producida, retroactúa sobre los individuos y los produce. Si no existiera la sociedad y su cultura, un lenguaje, un saber adquirido, no seríamos individuos humanos. Dicho de otro modo, los individuos producen la sociedad que produce a los individuos. Somos, a la vez, productos y productores. La idea recursiva es, entonces, una idea que rompe con la idea lineal de causa-efecto, de producto-productor, de estructura-superestructura, porque todo lo que es producido reentra sobre aquello que lo ha producido en un ciclo en sí mismo auto-constitutivo, auto-organizador, y auto-productor.

El tercer principios es el principio hologramático. En un holograma físico, el menor punto de la imagen del holograma contiene la casi totalidad de la información del objeto representado. No solamente la parte está en el todo, sino que el todo está en la parte. El principio hologramático está presente en el mundo biológico y en el mundo sociológico. En el mundo biológico, cada célula de nuestro organismo contiene la totalidad de la información genética de ese organismo. La idea, entonces, del holograma, trasciende al reduccionismo que no ve más allá que las partes, y al holismo que no ve más allá que el todo. Es, de alguna manera, la idea formulada por Pascal: "no puedo concebir al todo sin concebir a las partes y no puedo concebir a las partes sin concebir al todo". Esta idea aparentemente paradójica inmoviliza al espíritu lineal. Pero, en la lógica recursiva, sabemos muy bien que aquello que adquirimos como conocimiento de las partes reentra sobre el todo. Aquello que aprehendemos sobre las cualidades emergentes del todo, todo que no existe sin organización, reentra sobre las partes. Entonces podemos enriquecer al conocimiento de las partes por el todo y del todo por las partes, en un mismo movimiento productor de conocimientos.

De allí que la idea hologramática esté ligada, ella misma, a la idea recursiva que está, ella misma, ligada a la idea dialógica de la que partimos.

El todo está en la parte que está en el todo

La relación antropo-social es compleja, porque el todo está en la parte, que está en el todo. Desde la infancia, la sociedad en tanto todo entra en nosotros a través, en primer lugar, de las primeras prohibiciones e inducciones familiares: la limpieza, la suciedad, la gentileza, y luego las inducciones de la escuela, la lengua, la cultura.

El principio "a nadie se le admite ignorar la ley", impone la fuerte presencia del todo social sobre cada individuo, aun cuando la división del trabajo y la parcialización de nuestras vidas hacen que nadie posea la totalidad del saber social.

De aquí el problema del sociólogo que reflexione un poco más sobre su estatus. Tiene que abandonar el punto de vista divino, desde una especie de trono superior desde donde contemplar a la sociedad. El sociólogo es una parte de esa sociedad. El hecho de detentar una cultura sociológica no lo ubica en el centro de la sociedad. Por el contrario, forma parte de una cultura periférica en la universidad y en las ciencias. El sociólogo es tributario de una cultura particular. No solamente es parte de la sociedad, sino que, más aún, sin saberlo, está poseído por toda la sociedad, que tiende a deformar su visión.

¿Cómo salir de esa situación? Evidentemente, el sociólogo puede tratar de confrontar su punto de vista con aquel de los otros miembros de la sociedad, de conocer sociedades de un tipo diferente, de imaginar, tal vez, sociedades viables que aún no existen.

Lo único posible desde el punto de vista de la complejidad, y que parece, desde ya, muy importante, es tener meta-puntos de vista sobre nuestra sociedad, exactamente como en un campo de concentración en el cual podríamos edificar miradores que nos permitieran observar mejor nuestra sociedad y su ambiente exterior. Nunca podremos llegar al meta-sistema, es decir, al sistema superior, que sería meta-humano y meta-social. Incluso sin pudiéramos lograrlo, no sería un sistema absoluto, porque tanto la lógica de Tarski como el teorema de Gödel nos dicen que ningún sistema es capaz de auto-explicarse totalmente a sí mismo ni de auto-probarse totalmente.

Dicho de otro modo, todo sistema de pensamiento está abierto y comporta una brecha, una laguna en su apertura misma. Pero tenemos la posibilidad de tener meta-puntos de vista. El meta-punto de vista es posible si el observador-conceptualizador se integra en la observación y en la concepción. He allí por qué el pensamiento de la complejidad tiene necesidad de integrar al observador y al conceptualizador en su observación y su conceptualización.

Hacia la complejidad

Podemos diagnosticar, en la historia occidental, el dominio de un paradigma formulado por Descartes. Descartes ha separado, por una parte, al dominio del sujeto, reservado a la filosofía, a la meditación interior y, por otra parte, al dominio de la cosa en lo extenso, dominio del conocimiento científico, de la medida y de la precisión. Descartes ha formulado muy bien ese principio de disyunción, y esta disyunción ha reinado en nuestro universo. Ha separado cada vez más ciencia y filosofía. Ha separado la cultura que llamamos humanista, la de la literatura, la poesía, las artes, de la cultura científica. La primera cultura, fundada sobre la reflexión, no puede alimentarse más en las fuentes del saber objetivo. La segunda cultura, fundada sobre la especialización del saber, no puede reflexionar ni pensarse a sí misma.

El paradigma de simplificación (disyunción y reducción) domina a nuestra cultura hoy, y es hoy que comienza la reacción contra su empresa. Pero no podemos, yo no puedo, yo no pretendo, sacar de mi bolsillo un paradigma de complejidad. Un paradigma, si bien tiene que ser formulado por alguien, por Descartes por ejemplo, es en el fondo, el producto de todo un desarrollo cultural, histórico, civilizacional. El paradigma de complejidad provendrá del conjunto de nuevos conceptos, de nuevas visiones, de nuevos descubrimientos y de nuevas reflexiones que van a conectarse y reunirse. Estamos en una batalla incierta y no sabemos aún quién la llevará adelante. Pero podemos decir, desde ya, que si el pensamiento simplificante se funda sobre la dominación de dos tipos de operaciones lógicas: disyunción y reducción, ambas brutalizantes y rutilantes, los principios del pensamiento complejo, entonces, serán necesariamente los principios de distinción, conjunción e implicación.

Unamos la causa y el efecto, el efecto volverá sobre la causa, por retroacción, el producto será también productor. Vamos a distinguir estas nociones y las haremos juntarse al mismo tiempo. Vamos a reunir lo Uno y lo Múltiple, los uniremos, pero lo Uno no se disolverá en lo múltiple y lo Múltiple será, asimismo, parte de lo uno. El principio de la complejidad, de alguna manera, se fundará sobre la predominancia de la conjunción compleja. Pero, también allí, creo que es una tarea cultural, histórica, profunda y múltiple. Se puede ser el San Juan Bautista del paradigma de complejidad, y anunciar su llegada, sin ser el Mesías.

Trasmitir un oficio

Hoy quisiera, por excepción, tratar de explicitar un poco las intenciones pedagógicas con las cuales deseo llevar a cabo este seminario[15]. En la próxima sesión, le pediré a cada uno de los participantes que se presente brevemente y exponga en pocas palabras el tema de su trabajo; esto, insisto, se hará sin preparación especial, en una forma natural. Lo que quiero escuchar no es un planteamiento formal, es decir, uno de tipo defensivo y centrado en sí mismo, que ante todo intente (lo cual es comprensible) conjurar el miedo a la crítica, sino una presentación sencilla y modesta del trabajo realizado, las dificultades encontradas, los problemas, etc. No hay nada más universal y universalizable que las dificultades. Cada uno de ustedes sentirá gran alivio al descubrir que muchas de las dificultades que atribuía a su torpeza o incompetencia personales son universalmente compartidas, y todos sacarán gran provecho de los consejos en apariencia muy individualizados que yo pueda ofrecer.

Debo señalar que, de paso, entre todas las disposiciones que quisiera poder inculcar, está la capacidad de concebir la investigación como una empresa racional; no como una especie de búsqueda mística, de la cual se habla con énfasis, para tranquilizarse, pero con lo cual sólo se logra aumentar el miedo o la angustia. Esta postura realista –lo cual no es sinónimo de cínica- está encaminada al máximo

---

[15] Introducción al seminario de la Escuela de Estudios Superiores en Ciencias Sociales, París, octubre de 1987.

rendimiento de las inversiones y la óptima distribución de los recursos, empezando por el tiempo del que se dispone. Sé que esta manera de vivir el trabajo científico tiene visos de desencanto y que puede afectar la imagen que de sí mismos numerosos investigadores pretenden preservar. Sin embargo, tal vez sea la mejor e, incluso, la única forma de ampararse contra decepciones mucho más dolorosas, como la del investigador que cae de su pedestal después de muchos años de automistificación, durante los cuales dedicó más energías al tratar de conformarse a la idea exaltada que tiene de la investigación, es decir, de sí mismo como investigador, que simplemente a desempeñar su trabajo.

El planteamiento de una investigación es todo lo contrario a un show, a una exhibición donde uno trata de lucirse y demostrar su valía. Es un discurso en el cual uno *se expone*, asume riesgos (para estar más seguro de desactivar los sistemas de defensa y neutralizar las estrategias de autopresentación, quisiera poder tomarlos por sorpresa, dándoles la palabra sin que estén prevenidos o preparados; sin embargo, no se preocupen, sabré respetar sus titubeos). Mientras más se expone uno, mayores probabilidades tendrá de sacar provecho de la discusión, y más amistosas serán, de ello estoy seguro, las críticas o las sugerencias (la mejor manera de "liquidar" los errores, y los terrores que a menudo los motivan, sería riéndonos de ellos todos juntos).

Pienso presentar –lo cual lo haré sin duda en la próxima ocasión- investigaciones que estoy llevando a cabo actualmente. Así podrán contemplar en un estado que suele calificarse de incipiente, es decir, en un estado confuso, amorfo, trabajos que acostumbran descubrir en su forma acabada. El homo academicus aprecia mucho todo lo que es acabado. Al igual que los pintores ramplones, elimina de sus trabajos las pinceladas, los toques y retoques; llegué a experimentar gran ansiedad cuando descubrí que pintores como Couture, el maestro de Manet, había dejado magníficos bocetos, muy cercanos a la pintura impresionista –la cual surgió muy a su pesar– y que, en muchas ocasiones, echaron a perder sus obras al darles la última mano exigida por la moral del trabajo bien hecho, bien acabado, de la cual la estética académica era la expresión. Procuraré presentar estas investigaciones en curso con su profusa confusión: dentro de ciertos límites, claro está, porque estoy consciente de que, socialmente hablando, no tengo tanto derecho como ustedes a la confusión, que ustedes me la perdonarán menos de las que yo se las habré de perdonar y, en cierto sentido, con mucha razón (pero, a pesar de todo, con referencia a un ideal pedagógico implícito que, sin duda, debe ser puesto en tela de juicio; el que conduce, por ejemplo, a medir el valor de una enseñanza y su eficacia pedagógica, por la cantidad y la precisión de los apuntes que se hayan podido tomar).

Una de las funciones de un seminario como éste es la de brindarles la oportunidad de observar cómo se efectúa realmente el trabajo de investigación. No dispondrán de una reseña integral de todos los tanteos, de todas las repeticiones que han sido necesarias para llegar al informe final que los anula. Pero, la película acelerada que les habré de presentar les permitirá hacerse una idea de lo que acontece en la intimidad de un taller, comparable al del artesano o del pintor del Quattrocento, con todos sus titubeos, atolladeros, enuncias, etc. Los investigadores más o menos avanzados presentan objetos que trataron de construir y son sometidos a preguntas; así, a la manera de un viejo "compañero", como se dice en el lenguaje de los "oficios", intento aportar la experiencia obtenida con base en todos mis tanteos y errores pasados.

La cúspide del arte es, desde luego, el ser capaz de hacer apuestas llamadas "teóricas" muy importantes sobre objetos "empíricos" bien precisos y, en apariencia, menores e incluso irrisorios. En ciencias sociales, se tiende a creer que la importancia social y política del objeto basta por sí sola para fundamentar la importancia del discurso que se le dedique; ésta es, sin duda alguna, la razón por la cual los sociólogos más propensos a medir su propia importancia a través de la importancia de los objetos que estudian, como aquellos que actualmente se interesan en el Estado o el poder, son con frecuencia los menos atentos a los procedimientos metodológicos. En realidad, lo que cuenta es la construcción del objeto, y el poder de un método de pensamiento que nunca se manifiesta tan bien como en su capacidad para construir objetos socialmente insignificantes en objetos científicos, lo cual da lo mismo, en su capacidad para reconstruir científicamente, enfocándolos desde un ángulo inusitado, los grandes objetos socialmente importantes. Esto es lo que trato de hacer, por ejemplo, cuando parto de un análisis muy preciso de lo que es un certificado (de invalidez, aptitud, incapacidad, etc.), para entender uno de los principales efectos del monopolio estatal de la violencia simbólica. En este sentido, el sociólogo se encuentra hoy día en una situación muy semejante –mutatis mutandis- a la de Manet o de Flaubert, quienes, para ejercer plenamente el modo de construcción de la realidad que estaban inventando, lo aplicaban a objetos tradicionalmente excluidos del arte académico –exclusivamente reservado a aquellas personas y cosas socialmente designadas como importantes-, lo cual hizo que se les tachara de "realistas".

Hay que saber convertir los problemas muy abstractos en operaciones científicas completamente prácticas, lo cual supone, como se verá más adelante, una relación muy especial con lo que se suele llamar "teoría" o "empiria". En esta empresa, los preceptos abstractos, tal como se presentan, por ejemplo, en El oficio de sociólogo –es preciso construir el objeto y poner en tela de juicio los objetos preconstruidos–, si bien tienen la virtud de despertar la atención y poner en alerta, no son de gran ayuda. Ello se debe, sin duda alguna, a que no existe otra manera de adquirir los principios fundamentales de una práctica –incluyendo a la práctica científica– como no sea practicándola con la ayuda de algún guía o entrenador, quien asegure y tranquilice, quien dé el ejemplo y corrija enunciando, en la situación, preceptos directamente aplicables al caso particular.

Desde luego, puede suceder que, después de haber asistido a dos horas de discusión sobre la enseñanza de la mística, las artes marciales, el nacimiento de una crítica de jazz o los teólogos franceses, ustedes se pregunten si no han perdido su tiempo y si realmente han aprendido algo. No presenciarán bellas exposiciones relativas a la acción comunicacional, la teoría de los sistemas o incluso la noción de campo o de habitus. En vez de presentar, como lo hacía hace veinte años, una brillante exposición, una brillante explicación de la noción de estructura en las matemáticas y la física modernas y de las condiciones de aplicación del modo de pensamiento estructural a la sociología (lo cual era, sin duda, mucho más "impresionante"), diré las mismas cosas, pero en una forma práctica, es decir, mediante comentarios de lo más triviales y banales, a través de preguntas elementales –tan elementales que uno omite con frecuencia planteárselas–, y adentrándome, cada vez más, en los detalles de un estudio particular (no se puede dirigir realmente una investigación – puesto que de eso se trata- sino a condición de *hacerlo* en verdad con quien sea directamente responsable de ella, lo cual implica trabajar con cuestionarios, leer cuadros estadísticos, interpretar documentos, y sugerir, según el caso, hipótesis, etc.; es obvio que no se puede, en estas condiciones, dirigir realmente más que un número reducido de trabajos y que quienes pretenden "dirigir" una gran cantidad de ellos no hacen verdaderamente lo que pretenden estar haciendo).

Puesto que se trata de comunicar esencialmente un *modus operandi*, un modo de producción científica que presupone un modo de percepción y un conjunto de principios de visión y división, no hay otra manera de adquirirlo que viéndolo funcionar en la práctica u observando cómo (sin que, para ello, sea necesario emplear principios formales) este habitus científico, llamándolo por su nombre, "reacciona" ante decisiones prácticas: cierto tipo de muestreo, determinado cuestionario, etc.

La enseñanza de un oficio, como diría Durkheim, de un "arte", entendido como "práctica pura sin teoría", exige una pedagogía que nada tiene que ver con la que se aplica a la enseñanza de conocimientos. Como puede observarse claramente en las sociedades carentes de escritura y escuelas –pero cabe señalar que esto también se aplica a lo que se transmite en las sociedades con escuelas e, incluso, en las escuelas mismas-, numerosos modos de pensamiento y de acción –a menudo los más vitales- se transmiten de la práctica a la práctica, mediante modos de transmisión totales y prácticos basados en el contacto directo y duradero entre quien enseña y quien aprende ("haz lo mismo que yo"). Los historiadores y filósofos de las ciencias –y, sobre todo, los propios científicos- han observado con frecuencia que una parte muy importante del oficio de científico se adquiere de acuerdo con modos de adquisición totalmente prácticos; el papel de la pedagogía del silencio, en la que se hace poco hincapié en la explicación tanto de los esquemas transmitidos tanto de los esquemas que operan en la transmisión, es sin lugar a dudas tanto más importante en una ciencia cuanto que los contenidos, los conocimientos, modos de pensamientos y de acción son, ellos mismos, menos explícitos y menos codificados.

La sociología es una ciencia relativamente avanzada, mucho más de lo que comúnmente se cree, incluso entre los sociólogos. Un buen indicador del lugar que ocupa un sociólogo en su disciplina sería la altura de la idea que tiene con respecto a lo que necesita saber para estar realmente a la altura del acervo propio de su especialidad; la propensión a una aprehensión modesta de las capacidades científicas propias no puede menos que aumentar conforme se incrementa el conocimiento de las adquisiciones más recientes en materia de métodos, técnicas, conceptos o teorías. Pero la sociología aún se encuentra poco codificada y apenas formalizada. Por tanto, no es posible, como en otras disciplinas, remitirse a automatismos de pensamiento o a automatismos que sustituyan al pensamiento (la evidentia ex terminis, es decir, la "evidencia ciega" de los símbolos, que Leibniz oponía a la evidencia cartesiana) o, incluso, a todos los códigos de buen comportamiento científico –métodos, protocolos de observación, etc.- que caracterizan a los campos científicos más codificados. Así, para obtener prácticas conformes, es necesario contar con los esquemas incorporados del habitus.

El habitus científico es una regla encarnada o, mejor dicho, un *modus operandi* científico que funciona en la práctica conforme a las normas de la ciencia, pero sin partir de ellas: esta especie de sentido de juego científico hace que uno haga lo que se debe hacer en el momento preciso, sin que haya sido necesario tematizar lo que se debía hacer y, mucho menos todavía, la regla que permitiera exhibir la conducta apropiada. El sociólogo que intenta transmitir un *habitus científico* se asemeja más a un entrenador deportivo de alto nivel que a un profesor de la Sorbona. Enuncia pocos principios y preceptos generales. Puede, desde luego, enunciar algunos, como lo hice en El *oficio de sociólogo*, pero a sabiendas de que no debe limitarse a ello (en cierto sentido, no hay nada peor que la epistemología, cuando se convierte en un tema de disertación y en un sustituto de la investigación). Procede mediante indicaciones prácticas, en una forma muy similar a aquella del entrenador que reproduce un movimiento ("en su lugar, yo haría esto"...) o mediante "correcciones" aplicadas a la práctica en curso y concebidas conforme al espíritu mismo de la práctica ("yo no formularía esa pregunta, al menos no en esos términos").

Comprender, explicar y juzgar

Las razones y las causas

Las razones y las causas de los acontecimientos es algo que se pide a una narración histórica. Fuera de quienes compilan documentos o componen relatos de tijera o engrudo o hacen historia puramente doxográfica, los profesionistas vulgarmente llamados historiadores avanzan contra el huracán de la explicación. Contestar a las preguntas de qué cosas ocurrieron y cómo ocurrieron es regodearse con la placentera práctica del chisme, pero dar respuesta a los por qué de lo sucedido es meterse en un nudo de dificultades. La explicación pone a prueba el talento del estudioso del pasado. Quienes consiguen responder satisfactoriamente a los por qué que se les atraviesan son aclamados como científicos; es decir, como poseedores de la forma paradigmática de conocimiento. Ni por esas son plenamente conscientes de cómo explican. La teoría de la explicación histórica es quebradero de cabeza de filósofos, aunque también debiera serlo de historiadores. Para quienes escriben historia sería conveniente enterarse de las arduas discusiones acerca de los conceptos de explicación, causa, regularidades, leyes del desarrollo, filiación, condición necesaria, móviles, motivos e impulsos.

Sin previa discusión sobre si se puede y cómo averiguar los por qué de los acontecimientos históricos, los historiadores de todas las épocas se han puesto a la improbra labor de descubrirlos. Después de todo, la historia no es un estudio tan desinteresado de las acciones del pretérito como creen algunos. El saber histórico se propone, como todo conocimiento, "captar la realidad para orientar con acierto nuestras acciones"[16]. Herodoto de manera esporádica y Tucídides con mayor insistencia propone causas para explicar ciertos acaeceres y volverlos útiles para la vida práctica. Cicerón no tuvo oportunidad de escribir historia, pero sí dijo que es tan conspicua maestra de la vida y "al referir los hechos debía poner de manifiesto todas las causas y señalar el papel que, en cada caso, desempeñaban la fortuna, la prudencia o el arrojo"[17]. Aunque en los cronistas de la Edad Media hay connatos de explicación. En ellos y en nuestros cronistas de Indias se alude con frecuencia a una causa mayor de carácter divino y a numerosas causas segundas. La preocupación de los historiadores modernos por hacer transitable el tramo crítico de la ruta histórica descuidó la parte interpretativa por centurias. Johan Gustav Droysen, en el verano de 1857, proclamó que la etapa cumbre del método histórico era la etapa etiológica.

En la segunda mitad del siglo XIX fue notable la controversia sobre la explicación del acaecer histórico. Thomas Carlyle (1795-1881), Augusto Comte (1798-1857), Herbert Spencer (1820-1903), Antoine A. Cournot (1801-1877) Henry Thomas Buckle (1821-1862), Jacob Burckhardt (1818-1897), Hippolyte Taine (1828-1893), Karl Marx (1818-1883), Friedrich Engels (1820-1895), Wilhelm Windelband (1848-1915), Willhem Dilthey (1833-1911), Karl Lamprecht (1856-1915), Alexandru Dimitru Xenopol (1847-1920), George Simmel (1858-1918) y Ernest Berheim (1850-1942) discutieron ampliamente y publicaron mucho sobre el problema de la explicación histórica. Los sucedieron en el debate H.

---

[16] VILLORO Luis, **Creer, conocer**, México, Siglo XXI editores, 1982, p. 279.

[17] Marco Tulio Ciceronis, **De orare**. Vol. VII, pp.63-64.

Rickert (1863-1929), Friedrich Meinecke (1862-1954), Ch. V. Langlois (1863-1929), Max Weber (1864-1920), Benedetto Croce (1866-1952), Ernst Troetsch (1865-1923), M. N. Pokrovski (1868-1932), Marc Bloch (1886-1944) y otros muchos. Robin G. Collingwood (1889-1943) acalora la discusión con un libro publicado tres años después de su muerte. También se atribuye a la Segunda Guerra Mundial el haber avivado la preocupación por el por qué de la historia. En el quindenio 1940-1955 no menos de cien filósofos, científicos sociales e historiadores les pidieron a éstos explicaciones convincentes. En esta controversia tomaron parte Carlos Antoni, Raymond Aron, Henri Berr, Jacques Barzun, Isaiah Berlin, H. Butterfield, Lucien Febvre, Patrick Gardiner, José Gaos, P. Harsin, Carl Hempel, Errol Harris, Ramón Iglesia, Karl Lowith, José Antonio Maravall, Herbert H. Muller, Emerey NET, Edmundo O'Gorman, F. M, Powicke, Erich Rothacker, Joseph R. Strayer, Arnold J. Toynbee, W. H. Walsh, H. G. Word y Bertran Wolfe.

En los últimos casi cincuenta años, Louis Althusser, Karl-Otto Apel, Ettienne Balibar, Geoffrey Barraclough, Enrique Ballestero, E. Berkhofer, Isaiah Berlin Manfred Bierwisch, Ferdinand Braudel, Edward Hallett Carr, Germán Carrera Damas, Ciro F. S. Cardoso, Pierre Chaunu, Noam Chomski, William Dray, G. R. Elton, Josep Fontana, Hans Freyer, Michel Foucault, Hans-Georg Gadamer, Louis Gottschalk, H. Habermas, Witold Kula, Emilio Lledo, David Hackett Fischer, Jorge Lozano, Georg Lucaks, Charles Morazé, Antonio Morales Moya, Lesek Nowak, George Novack, Carlos Pereyra, Karl Popper, M. M. Postan, M . H. Quintanilla, Carlos Rama, Paul Ricoeur, Pierre Salmón, Adam Schaff, R. Sedillot, Helmut Seiffert, Theodor Schieder, Lawrence Stone, Jerzy Topolsky, W. H. Walsh, Lynn White Jr. Reinhardt Wittram, Corina de Yturbe y no sé cuántos otros más discuten apasionadamente sobre el momento cumbre de la investigación histórica, los nuevos medios de que dispone ahora el historiador para convertir su trabajo en ciencia, la búsqueda de generalizaciones objetivas, la idolatría de las computadoras, los niveles de conceptualización aceptables, el callejón sin salida de los modelos explicativos de ayer, la grandeza y la servidumbre de la filosofía especulativa de la historia, el intento de alinear a Clío con las ciencias sociales a través de la obligación explicativa, los medios que pueden transfigurar la historia en una disciplina nomotética, el vejamen y la defensa de las explicaciones intencionalistas, el papel de la filiación, la teoría de las estructuras, el neomarxismo y otros problemas relacionados con el proceso de pensar el pasado del hombre.

Hasta ahora los metodólogos no han podido ponerse de acuerdo sobre la naturaleza y la valía científica de la explicación histórica y sus disquisiciones se apartan cada vez más del lenguaje inteligible. Entretanto los historiadores que no hay contraído algún dogmatismo morboso siguen aclarando las acciones humanas de otras épocas con la ayuda del propio talento, el sentido común, la imaginación y las recientes contribuciones de las ciencias sociales sistemáticas, las llamadas por José Luis Cassani disciplinas conexas de la historia: la economía, la sociología, la psicología, la etnología, y la ciencia política. La tarea de la explicación ha removido el muro que separaba a la historia de las demás ciencias sociales. Los adictos a la matematización y los economistas son uña y carne. La gente de los annales, muchos de ellos hispanoamericanos, les beben los humos a las obras de economía y sociología. Los que han vuelto a la desprestigiada historia del poder se sirven de las aportaciones de la moderna politología.[18]

Los filósofos ofrecen a los historiadores varios modelos explicativos que quizá se complementen entre sí. Los de la camiseta idealista han propuesto una audaz forma de explicación, llamada teleológica, consistente en el descubrimiento de los propósitos de las personalidades difuntas y su relación con los hechos. Los abanderados del positivismo recomiendan la filiación; quieren que se explique por antecedentes; proponen descubrir la génesis de los acontecimientos. Los de la escuela de los annales han hecho reverdecer la explicación estructuralista. La mayoría de los seguidores de Marx aseguran que éste ha dado con la clave esclarecedora de todo el devenir humano, y por lo mismo, se inclinan por el modelo explicativo totalitario y holístico o monocausal. Ninguna de las formas de explicación se excluye totalmente entre sí. La de

Los motivos del lobo

es muy criticada por los neopositivistas y los marxistas, pero ha llegado a ser práctica común de los historiadores que le atribuyen un sujeto a la historia; es decir, la gran mayoría de quienes escriben obras de historia, pues sólo unos cuantos se han atrevido a decir que el decurso histórico, como la naturaleza, no tiene sujeto. "El modelo de comprensión teleológica se presenta como una alternativa plausible frente a las dificultades…observables en la explicación causal de los acontecimientos históricos". La intencionalidad es el punto decisivo en los actuales desarrollos de este enfoque, a tal extremo que, en una respuesta a sus críticos, Von Wrihgt

---

[18] Ferdinand Braudel, La historia y las ciencias sociales. Alianza Editorial, 1968

precisa: "no deseo emplear más el nombre explicación teleológica para el modelo explicativo en cuestión...me parece mejor nombre el de explicación intencionalista". El rasgo específico de la acción es la intencionalidad implicada en ella [19]. Todo esto se ve a las claras en Collingwood, el máximo formulador de la teoría intencionalista que aquí hemos llamado de los motivos del lobo por un simple recuerdo del declamado poema de Rubén y del aforismo del hombre lobo del hombre.

Según Collingwood, los historiadores responden con sus obras a tres preguntas. La primera sobre lo sucedido. La segunda indaga el por qué de los sucesos y la tercera inquiere sobre el para qué del conocimiento del pasado. El historiador responde a la primera pregunta con la exhumación de hechos bien documentados; a la segunda, con el acarreo de las ideas y los ideales que fueron el motor de las acciones, y a la tercera, con las moralejas que necesariamente exuda la investigación histórica. La tarea de responder al por qué de los acontecimientos recibe el nombre de explicación, pero sería más justo el término "comprensión". En el lenguaje ordinario se dice que uno comprende a otro cuando penetra en el pensamiento de éste; es decir, en el interior de sus actos [20]. Collingwood distingue en los hechos humanos una fachada y un interior. Entiende por fachada del hecho todo lo que, relacionándose con él, puede describirse a la manera de los cuerpos y sus movimientos: el cruce de César, acompañado por algunos hombres, de un río al que se llamaba en cierta época el Rubicón. Entiende por interior del acto aquel

---

[19] Carlos Pereyra, El sujeto de la historia. Madrid, Alianza Editorial, 1984, p. 94
[20] Collingwood, Ensayos sobre la filosofía de la historia, "introducción" p. 16

que sólo cabe explicar al modo del pensamiento: la transgresión de César del derecho de la República. Los historiadores reconstruyen, con el auxilio de las fuentes y de la crítica histórica, el aspecto exterior de las acciones humanas, pero están obligados a rehacer también la parte interna. "Debe recordar que el hecho fue una acción, y que su tarea principal estriba en reflexionar sobre esta acción para discernir el pensamiento del agente".[21]

Ya el viejo Platón había dicho que las acciones humanas se esclarecían suficientemente si se miraba al hombre como un ser racional, perseguidor de fines. Otros muchos han pensado de manera parecida. Explicar una acción es para la mayoría de la gente exhibir el vínculo entre la finalidad, las ideas del personaje histórico para alcanzarla y la obra o conducta del mismo para darle cumplimiento. "En una explicación intencionalista la acción individual es vista como algo a lo que el agente se encuentra obligado por su intención y su opinión de cómo llevar a cabo el objeto de su intención. Decimos, esto es lo que en estas circunstancias él tenía que hacer y a sí explicamos, comprendemos, volvemos inteligible por qué lo hizo"[22]. Generalmente el historiador se pregunta por qué Juárez decretó la nacionalización de los bienes eclesiásticos y suele responder con los propósitos que tenía Juárez de aminorar el poder del clero y de conseguir un préstamo en los Estados Unidos para vencer a los conservadores. Para obtener esos recursos se le pidió al gobierno mexicano el aval de las propiedades de la iglesia mexicana.

---

[21] Collingwood, La idea de la historia, pp. 246-248. También tocan el punto los Ensayos sobre la filosofía de la historia acabados de citar.
[22] Georg Henrik Von Wrihgt, Explicación y comprensión, Madrid, Alianza Universitaria, 1979, pp. 54-55

Ahora bien, ¿de qué manera se puede conocer el pensamiento de un protagonista de la historia? Parece fácil cuando las reflexiones y los fines del protagonista han sido revelados por éste y son fidedignos. En general es una tarea difícil y para algunos, imposible. Se habla de la intuición, la empatía, las vivencias y otros recursos del hombre para penetrar en la mente de sus prójimos. Collingwood propone descubrir los propósitos de una acción a través de la misma. Quien investiga el pasado debe mostrarse apto de "reconsiderar el pensamiento cuya expresión procura interpretar". A través de la acción debe ver qué la inspira, pues toda acción humana enseña la cola de un pensamiento. Sin embargo, la idea de que si se contempla a fondo una aventura como la de Hernán Cortés se descubren los propósitos de ella, Collingwood no pudo completarla. A los cuarenta y tres años de edad sufre un accidente que lo pone fuera de ring. El estallido de diminutas venas de su cerebro le impide proseguir la loable hazaña de perfeccionar su horadador de cerebros ajenos.[23]

Sin contar a los naturalistas fanáticos, los metodólogos han reconocido méritos en el modelo explicativo cuya formulación arranca de Dilthey y culmina con Collingwood. El marxista Topolsky observa: "el historiador debe recurrir a la empatía cuando quiere descubrir los motivos que rigen las acciones humanas destinadas a un fin". Como quiera, "es enormemente difícil hacer uso adecuado del conocimiento propio al describir y explicar las acciones" de gente de otras épocas[24]. En todo caso, la explicación por motivos sólo se puede aplicar a los procesos intencionales de la historia, no a la totalidad del devenir. Sería absurdo el querer explicar lo histórico "sobre el supuesto de que

---

[23] Collingwood, Ensayos, pp. 10-11
[24] Topolsky, Metodología de la historia, p. 418

únicamente consiste en una sarta de acontecimientos planeados. Los hombres no son tan calculadores, y aun cuando tratasen de actuar en todos los casos de acuerdo con una política cuidadosamente formulada, se encontrarían con que las circunstancias...son a veces más fuertes que ellos"[25]. Pero el mismo filósofo escribe: "si es absurdo considerar la historia como una serie de movimientos deliberados, es igualmente absurdo ignorar...que los hombres desarrollan algunas veces políticas coherentes", hechas conforme a un plan de operaciones.[26]

En el segundo tercio del siglo pasado estuvo de moda en nuestro país la explicación histórica a la manera de Dilthey, Croce y Collingwood. A estos tres autores los publicó en español el Fondo de Cultura Económica. Los distinguidos maestros José Gaos, Ramón Iglesia y Edmundo O'Gorman fueron entusiastas descubridores de las ideas motoras de la conquista y la asimilación de nuestro país por España y de los posteriores avatares de la América española[27]. En esos mismos años, la corriente de pensamiento representada por Rafael Altamira, José Miranda y Silvio Zavala, por tres ilustres maestros de tres generaciones distintas, mostraban inclinación por el modelo explicativo caro a los positivistas, por la explicación genética que algún malqueriente del positivismo llamó

Chorizos o cadenas

---

[25] Walsh, Filosofía de la historia, p. 68
[26] Ibid, p. 69
[27] José Gaos, Obras completas. México, Universidad Nacional Autónoma de México, 1980...Ramón Iglesia, El hombre Colón y otros ensayos, México, El Colegio de México, 1944 y Edmundo O'Gorman, La idea del descubrimiento de América, México, Universidad Autónoma de México, 1951

a la cual otros llaman encadenamiento causal, filiación o explicación por antecedentes. Entender por los "antes" es la más espontánea de las explicaciones históricas. A todos nos resulta obvio que todo hecho es generado por hechos anteriores y distintos. La llegada de Colón a unas islas del Caribe nos permite explicar el subsiguiente apoderamiento de esas islas y tierras aledañas por grupos de españoles armados. La conquista militar funge a ojos vista como condición necesaria de la tarea evangelizadora de los misioneros. La empresa de las misiones explica la transculturación de los pueblos indígenas. Para la mayor parte de los historiadores el curso histórico ofrece las formas de cadenas o chorizos o simples trabazones de unos "antes" y unos "después". A primera vista un trozo del devenir histórico, situado entre dos fechas, unos límites geográficos, en el seno de un sector social y entre ciertas coordenadas culturales se ve como un conjunto de puntos arrojados al azar. Pero ese mismo trozo de historia contemplado más detenidamente se trasforma en una o varias líneas al yuxtaponerse la multitud de puntos y formar líneas rectas, o espirales o eslabones o algo parecido a un sabroso chorizo. "El desarrollo de instantes sucesivos es algo más que una línea discontinua de átomos de realidad, aislados como las cuentas de un rosario"[28]. El historiador debe establecer los vínculos entre esos átomos, o en otras palabras, descubrir la filiación de los hechos.

Topolsky distingue dos tipos de explicación genética o filiación. El primero simplemente enumera los estadios de desarrollo de un determinado asunto histórico; explicita una cadena en que cada acontecimiento figura como condición necesaria del siguiente. "Se

---

[28] Marrou, El conocimiento histórico, p. 131

supone, por tanto, que un hecho posterior no habría ocurrido sin la existencia del precedente". El segundo tipo de explicación genética va más allá del simple establecimiento de una secuencia de acaeceres bien comprobados; supera ligeramente a la historia narrativa; procura llenar las lagunas existentes, suplir los eslabones perdidos con acontecimientos imaginados, aunque no de cualquier modo. El atierro de las lagunas consiste en hacer referencia a una ley que diga que un hecho de tal tipo precede normalmente a tal otro[29]. El atierro de las lagunas, si se hace con vigorosa imaginación y con talento no deteriora el suceder real, pero tampoco se puede decir con suma certeza que los hechos agregados sean idénticos a los reales. Podemos imaginar los brazos perdidos de la Venus famosa, pero no saber a ciencia cierta si esas extremidades superiores fueron como las imaginamos, con sus cinco dedos y demás componentes de una extremidad normal.

Según Pierre Salmón, el historiador parte de los hechos dados a conocer por los documentos para deducir nuevos datos mediante el razonamiento por analogía. Éste "parte de la existencia de un hecho conocido por la documentación para deducir otro hecho cuya existencia no está demostrada por documentos. En efecto... los hechos humanos suelen estar ligados... El razonamiento por analogía se basa, pues, en una proposición general derivada del curso de la humanidad y en una proposición particular basada en documentos. Para conseguir una conclusión segura es preciso que la proposición general sea exacta y que la proposición particular sea conocida con detalle". Así y todo, el razonamiento por analogía

---

[29] Topolsky, op. cit., p. 450

no proporciona certidumbre, sólo conjetura, y en el mejor de los casos, una gran probabilidad.[30]

El historiador debe prevenirse contra los abusos imaginativos; al establecer nexos mediante hipótesis procurará evitar los recursos de la novela común y corriente. Por otra parte, ¿cómo unir unos hechos con otros y al mismo tiempo reconocer la autonomía particular, la falta de trabazón de algunos acaeceres? El encadenamiento genético no es fácil, entre otras cosas porque los vínculos causales que se consigue o logra establecer entre los hechos aislados son la mayoría de las veces inciertos, equívocos por múltiples razones: porque los hechos están imperfectamente definidos, porque las series no son nunca del todo aislables, porque los fenómenos exteriores pueden modificar, desviar o paralizar el curso previsto de los acontecimientos.[31]

"Con el fin de obtener un relato coherente, en cierta manera por horror al vacío, con excesiva frecuencia el historiador recurre a generalizaciones, disimulando bajo vagas generalidades lagunas que a veces abarcan varios siglos. Ahora bien, para las épocas antiguas los escasos textos de que disponemos a menudo están separados por soluciones de continuidad. Es lícito situarlos en el tiempo y el espacio, pero no es lícito juntarlos en un todo coherente. Sacrifiquemos sin vacilar los conocimientos dudosos y contentémonos con lo realmente acontecido". La investigación histórica a veces sólo nos permite "conocer hechos aislados separados por inmensas lagunas". Es muy riesgoso llenar esas lagunas para conseguir una cadena genética que casi seguramente será falsa, hija de la ficción, no de

---

[30] P. Salmón, Historia y crítica. Introducción a la metodología histórica, pp. 134-135
[31] Aron, Dimensiones de la conciencia histórica, p. 119

la verdad histórica[32]. En el mejor de los casos, la filiación, según el parecer de los doctos, no explica a cabalidad. Para Carrera Damas la filiación es un estadio previo que no alcanza a quitarle a la historia el mote, apenas ayer tan desprestigiado, de narrativa.

Como si lo anterior fuera poco, la explicación genética sólo es aplicable a una especie de historia muy mal vista por las tres escuelas hegemónicas en el segundo tercio del siglo XX: la de Marx, la de los Annales y la de los cliométricos. Las tres escuelas miran desdeñosamente a una historia calificada de historizante, fáctica, miope, superficial, *évènementielle*, narrativa, episódica, frágil, inútil, anticuada, tradicional, y en último término, sin porvenir. Según los nuevos historiadores, sólo la historia que recoge sucedidos irrepetibles y relampagueantes, utiliza la explicación genética. Quienes hacen historia de estructuras o de larga duración, quienes se interesan por los aspectos recurrentes de los histórico, quienes se ocupan más por los espacios que por los tiempos de la vida histórica, quienes prefieren la contemplación de bosques, que no la de árboles y plantas ratizas, difícilmente hacen inteligible sus síntesis históricas mediante la vinculación de causas y efectos propias de la historia genética. Los historiadores de una nueva ola, ya en retirada, proponen otros modelos explicativos; especialmente un modelo que Bauer y Huizinga recomendaban mezclar con el genético. Trátase de un modelo que algunos denominan estructural y otros naturalista. Si se ve a través de él, las historias pierden la figura del chorizo o de la cadena y se nos presentan

Como tiestos de rosas

---

[32] Carrera Damas, Metodología y estudio de la historia, pp. 39-43

según la expresión del holandés Huizinga. Cassani y Pérez Amuchástegui, advierten: "la totalidad representa la armonía entre las partes. De esta manera, y aunque haya heterogeneidad entre los distintos hechos históricos particulares, su conjunto presenta homogeneidad y coherencia. El hecho histórico no será ya tal o cual circunstancia individual, sino una circunstancia inmersa en el conjunto que le da sentido, vale decir, que lo hace comprensible: tal es la idea de estructura, mucho más rica que la de serie". El modelo explicativo estructural o naturalista supone que los seres humanos tienen más naturaleza que historia. Son comprensibles no tanto por sus entrañas ni tampoco por sus aspavientos y por sus frutos, que sí por sus raíces y por la tierra en donde crecen. Si usted cree que la historia humana es una parte de la historia natural y está regida por normas independientes de la voluntad, la conciencia y la intención de los hombres, procurará aclararse el pasado con explicaciones de índole naturalista.

"Nos puede interesar la estructura de un sistema con la intención de señalar su susceptibilidad (o no susceptibilidad) a ciertos cambios, o nos pueden interesar aquellos hechos (dentro o fuera del sistema) que, según ciertas regularidades generales, hacen que las disposiciones de ese sistema hacia ciertos cambios hagan efectivos dichos cambios"[33]. Las estructuras geofísicas, bióticas, sociales y psíquicas en diversos modos empujan el surgimiento de estructuras, coyunturas y hechos de índole histórica. El historiador selecciona lo más esclarecedor y útil de los conocimientos aportados por las ciencias que se ocupan del medio ambiente, de la especie humana, la organización social y la estructura

---

[33] Topolsky, op. cit., p. 428

psíquica del hombre. La explicación histórico-naturalista sigue ordinariamente cuatro caminos.

La explicación geográfica, puesto en uso por el padre de la historia, comenzó a ser abusiva en el siglo XVI con Bodino. Este declaró que la valentía, la inteligencia, los modales, el comportamiento de los hombres y la dignidad de las mujeres son resultantes del universo natural. El conde Montesquieu sostuvo el determinismo geográfico. Otros sabios del siglo de las luces, de cuyos nombres no quiero acordarme, condenaron a los habitantes de América al subdesarrollo o raquitismo del cacumen por vivir en un continente con muy escasas disposiciones para el cambio en un sentido de mejoría[34]. Después de los ilustrados, Buckle, Marx, Ratzel, Ritter y Reclus se refirieron al influjo del clima, la lluvia, la sequía, los ríos, los mares, las costas, las islas, los llanos y las montañas en la vida histórica. En el siglo pasado, el mexicano Francisco Bulnes, el yanqui Ellsworth Huntington y el francés Ferdinand Braudel han aclarado algunas caras de la historia mediante la recurrencia a factores geográficos. La microhistoria no puede evitar la explicación de los sucesos a partir del medio ambiente porque el campesino y su terruño están ligados como el caracol a su concha. La historia campesina se entiende en buena parte por el relieve, clima, suelo, agua, flora, fauna, sismos, inundaciones, sequías, endemias, epidemias y otras conductas de la madre tierra[35]. En suma, la explicación neohistórica no siempre es necia.

La interpretación de un acontecer histórico dado a partir de las modalidades de la naturaleza física de los seres humanos ha caído en descrédito por culpa de Gobineau, Nietzsche, Galton, Carlyle, Grant, los nazis y los

---

[34] Antonello Gerbi. Viejas polémicas sobre el Nuevo Mundo. Lima, Banco de Crédito del Perú, 1946
[35] Steele Commager, La historia. México. UTEHA, 1967, p. 144

racistas norteamericanos. El conde Gobineau quiso explicar el desigual destino histórico de los hombres por la *desigualdad de las razas humanas*. Atribuyó a la naturaleza de la raza teutónica numerosas y grandes aportaciones a la ciencia, el arte y la filosofía. Muchos seguidores de Gobineau pretendieron explicar las vicisitudes de algunas sociedades por el color de la piel, los bucles, la forma de la cabeza y la estatura de sus componentes. Los nazis encontraron tan decisivas las características raciales en la marcha o el retardo de la civilización que decidieron contribuir al progreso humano con la aniquilación de las razas dizque poco fecundas, como la judía. Por lo demás, la teoría racista no ha servido para esclarecer cosa alguna, pero sí para legitimar abusos de las potencias imperialistas en los países débiles, muchos de los cuales son de gente morena, declarada inferior y domesticable por los poderosos. El racismo ayuda a explicar la servidumbre a la que se sometió a los negros norteamericanos, pero no los pensamientos y los actos de la llamada raza de ébano, que muchas veces son distintos en ese país a ideas y acciones de los blancos, pero por causas distintas a la oscuridad de la piel y lo ensortijado del pelo.

La explicación de la vida de los pueblos por la textura de las fuerzas productivas y las relaciones de producción ni empieza ni acaba con Marx, pero este hombre con rostro de Dios padre la condujo a su plenitud. Como la interpretación racial, instrumento al servicio de los nazis y los imperialistas, la interpretación socioeconómica también se ha convertido en garrote de poderosas fuerzas políticas, pero sigue manteniendo prestigio universitario. Sobre todo la urdimbre económica de un momento y un país dado, les explica ahora a los historiadores un titipuchal de acontecimientos. La preferencia actual por el modelo económico de explicación es muy comprensible si se mira cómo las sociedades de hoy son esencialmente económicas. Marxistas y antimarxistas coinciden en atribuir una gran importancia como recurso explicativo a la estructura material de la vida humana[36]. Charles A. Beard, Edwin Seligman, Viktor Kula y otros muchos historiadores han usado y abusado de la vida económica como factor explicativo[37]. Los que antes se entendían como efectos caprichosos del poder político ahora se atribuyen a las fuerzas difusas de la producción de bienes, la oferta y la demanda, el trabajo y las luchas obreras. Después de Marx ni los más recalcitrantes antimarxistas se atreven a negar el valor explicativo de las condiciones económicas fundamentales; sin embargo, la economía no lo explica todo.

La explicación de la historia por móviles psicológicos ha sido la más frecuentada de las explicaciones históricas. Según Marc Bloch, como, "los hechos históricos son, por esencia, hechos psicológicos, en otros hechos psicológicos hayan normalmente sus antecedentes"[38]. Casi sin excepción, consciente o inconscientemente, los historiadores acuden a términos como lucidez, discernimiento, heroísmo, amor, amplitud de miras, locura, ambición, empuje, valentía, temeridad y miedo para hacer inteligibles las acciones de los grandes hombres, el papel del individuo en la historia en el que todo mundo cree en mayor o menor grado. Según los académicos y la gente

---

[36] Aron, op. cit., p. 125

[37] Beard, Charles y otros, Theory and practice in historical study. New York. Social science research council, 1946, Edwin Seligman, La interpretación económica de la historia, Buenos Aires, Editorial Nova, 1957, pp. 126-131, Witold Kula, Problemas y métodos de la historia económica. Barcelona, Península, 1973

[38] Bloch, Introducción a la historia, p. 117

municipal y espesa, los mascarones de proa, los Alejandro Magno, Julio César, Mahoma, Gengis Kan, Hernán Cortés, Napoleón I, Simón Bolívar, Lenin, Hitler y Mao Tse-Tung, los hombres que hacen historia realmente tuercen el curso de los acontecimientos, son la levadura que hace fermentar la pasta humana[39], y según Gordon Childe, "la chispa que desencadena la explosión"[40]. La psicología individual de los grandes hombres se utiliza como factor explicativo. La mayoría de las veces se hace una explicación vulgar, pero cada vez más se acude a las teorías de Freud, Adler, Jung y otros psicólogos para iluminar las personalidades históricas.[41]

Actualmente se habla también de factores psicológicos colectivos, de una psique social promotora de cambios históricos, del alma de las muchedumbres y del espíritu de la época. Estos aspectos psíquico-sociales son estudiados hoy con mucho cuidado y pasión, por el grupo de historiadores obsesionados por las mentalidades[42]. Quienes escriben historia general o económica o política o de los valores de la cultura ya no pueden dispensarse de conocer los estudios históricos acerca del sentimiento de la vida y la muerte, la actitud sexual, la locura, los sistemas de valores, la religiosidad y otros aspectos del alma colectiva tan caros a los historiadores de las mentalidades. En México, desde 1978, existe un Seminario de Historia de las Mentalidades y de la Religión donde

---

[39] Gonzalo Hernández de Alba, Personalidad e historia. Monterrey, Universidad de Nuevo León, 1964, pp. 46-51
[40] Gordon Childe, Teoría de la historia. Buenos Aires, Editorial La Pléyade, 1974, p. 71
[41] Bruce Mazlish, Psychoanalysis and history. Englewood Clifs, Prentice-Hall Inc., 1963: artículo de Philip Rielff, pp. 23-44
[42] Ciro F. S. Cardoso y H. Pérez Brignoli, Los métodos de la historia. México, Editorial Grijalbo, 1977, pp. 332-334

trabajan asiduamente Sergio Ortega, Solange Alberro y Serge Gruzinski.[43]

El método estructuralista de explicación tampoco saca al buey de la barranca. Es muy difícil deslindar la estructura o naturaleza de los múltiples sectores del mundo. Las ciencias factuales (física, química, biología, psicología, sociología, economía, ciencia política y otras) aún no descubren todas las aristas y virtualidades de la máquina del universo, del mundo molecular, de los organismos con vida, de la estructura psíquica de los hombres, de las sociedades humanas, las formas de poder, las fuerzas productivas y las relaciones de producción. Por lo demás, "la explicación por referencia a las disposiciones (de la naturaleza muerta, viva y humana), aunque sigue el modelo general de Hempel, que refleja las regularidades dominantes en el mundo, no abarca el nexo fundamental entre causa y efecto"[44]. Decepcionado por las aportaciones de las ciencias al problema de la explicación, el clionauta acude con frecuencia a la

Filosofía especulativa de la historia

que ostenta la pretensión de haber descubierto el factor superbásico del desarrollo histórico, la llave maestra que abre las cerraduras de la historia científica. La forma más común de esta explicación global es la ley de la historia entendida como tendencia invariable del acontecer histórico. La teoría legaliforme declara necesario el curso de los acontecimientos, ya sea curso lineal o recurrente, o ya se considere tal curso como el desenvolvimiento de la voluntad de Dios o de las fuerzas productivas.

---

[43] Solange Alberro y Serge Gruzinski, Introducción a la historia de las mentalidades. México. INAH, 1979, pp., 11-12
[44] Topolsky, op. cit., p. 430

Cuando la ley que explica todo actúa fuera de este mundo es estudiada o propuesta por la teología de la historia, cuyos más conocidos expositores fueron San Agustín, Pablo Osorio, Joaquín de Fiore y Benigno Bossuet y son ahora dos o tres epígonos de aquellos. La ley del desarrollo histórico inmanente es asunto de la filosofía especulativa de la historia que quizá ahora no tenga otro cultivador aparte de mi amigo Germán Posada. Antes, en el siglo de las luces, tuvo a Juan Bautista Vico y a Johann Gottfried Herder. La teología de la historia "puede ayudar eficazmente al creyente a situarse en la existencia, pero no puede inducir al historiador a hacer su oficio con más pulcritud"[45]. ¿Acaso la filosofía especulativa de la historia le ayuda al historiador a resolver el arduo problema de la explicación histórica sin caer en un subjetivismo muy por encima del admisible en un novelista de los verdadero?

No pocos historiadores han adoptado algunas de las filosofías especulativas de la historia para cumplir sin quebraderos de cabeza con el deber de la explicación. Según Marrou, "es inevitable en el historiador la tentación filosófica de reducir la variedad de unidades... Considera un deber sustituir el escrupuloso, y a su juicio timorato análisis que busca las matizaciones y da la parte que corresponde a cualquier relación avizorada, por el gran edificio, la bella hipótesis que reduciendo a unidad lo múltiple del dato histórico, permita pensar por fin de manera satisfactoria sobre el suceso, la vida, el periodo o la civilización estudiados"[46]. Algunos hombres se han soñando viendo al mundo histórico desde distantes satélites; han escrito acerca de la visión global soñada,

---

[45] Roger Aubert, "Historien croyantes et historiens incroyantes" en L'histoire et l'historien. Paris. Librairie Artheme Fayard. 1964, p. 43
[46] Marrou, op. cit., p. 137

y han hecho creer a historiadores incautos o perezosos que el panorama de su sueño corresponde a la realidad y no a la ensoñación.

En los tiempos que corren, el materialismo histórico es la filosofía de la historia más utilizada para resolver de un plumazo el espinoso problema de la explicación. Según Engels y numerosos investigadores, "del modo que Darwin descubre la ley de la evolución de la naturaleza orgánica, Marx da con la ley de la evolución en la historia humana". Por su parte, Lenin dictamina: "la concepción materialista de la historia no ha de verse en adelante como mera hipótesis sino como una doctrina científicamente comprobada" [47]. Stalin, en el opúsculo *Materialismo dialéctico y materialismo histórico* eleva a dogma los principios fundamentales de la doctrina de Marx: 1) "la historia conoce cinco tipos fundamentales de relaciones de producción: la comuna primitiva, la esclavitud, el régimen feudal, el capitalismo y la sociedad socialista"; 2) de la infraestructura económica se pasa a la estructura social y de ésta a la superestructura de los valores culturales; 3) la peregrinación histórica es irreversible e incesante: ni se para ni se vuelve; 4) el curso de la historia está determinado por leyes científicas. En ciertos países sólo se permite interpretar los acontecimientos históricos a la luz del catecismo de Stalin. En otros, algunos historiadores se encuentran muy adecuados al materialismo histórico para explicar el surgimiento y el desarrollo del régimen capitalista.

La desaparición física de Stalin y las reflexiones de Gramsci le quitan rigidez al materialismo histórico[48]. Las cinco etapas del progreso humano llegan a ser vistas

---

[47] Cfr. Marrou, op. cit., p. 115
[48] Antonio Gramsci. Pasado y presente. México, Juan Pablos Editor, 1977.

como un esquema provisional y siempre revisable. La primacía del motor económico se pone en duda y se abandona en gran parte la teoría del reflejo. Ciro, F. S. Cardoso escribe: "la virtualidades contenidas en el materialismo histórico tal como lo plantearon y aplicaron Marx y Engels, dependen, para su realización efectiva, de dos condiciones: que se le considere únicamente, en primer lugar, como una especie de guía para el estudio. Tomar el materialismo histórico (o una versión adulterada de él) como verdad acabada y cerrada, conduce a una forma estéril de dogmatismo, cosa que de hecho ha pasado durante unos cuarenta años del siglo pasado. La dialéctica fue transformada en juego formal; el esquema evolutivo de las sociedades, convertido en un molde rígido, se mostró incapaz, por ejemplo, de conciliar la necesidad del desarrollo interno con fenómenos como el contacto cultural... en segundo lugar, la integración de las dimensiones genéticas y estructural de las sociedades humanas en movimiento exige enorme cantidad de conocimientos que sólo la investigación puede proporcionar: no puede pasarle al marxismo nada peor que la difusión de ciertas desviaciones idealistas e intelectualistas como el althusserismo".[49]

En México sucedió lo que en otras partes. Hubo marxistas clásicos como Rafael Ramos Pedrueza, Alfonso Teja Zabre, José Mancisidor, Luis Chávez Orozco y Miguel Othón de Mendizábal que se sirvieron en demasía del materialismo histórico para explicar el conjunto y los momentos cumbres de la historia de México[50]. Hay

---

[49] Cardoso, Introducción al trabajo de la investigación histórica, pp. 122-123
[50] León Portilla, "Tendencias en la investigación histórica de México", en Las humanidades en México 1950-1975, pp. 61-63

ahora un buen número de metodólogos e historiadores marxistas apartados del dogmatismo estaliniano: Adolfo Sánchez Vázquez, Carlos Pereyra, Gabriel Vargas, Corina de Yturbe, Alonso Aguilar, Roger Bartra, Arnaldo Córdoba, Sergio de la Peña, Adolfo Guilly, Pablo González Casanova, Juan Felipe Leal, Alfredo López Austin, Masae Sugawara, Andrés Sánchez Quintanar y Enrique Semo. Los neomarxistas se sirven del materialismo histórico únicamente como guía para esclarecer el desarrollo entero y por períodos de la historia mexicana. Andrea Sánchez Quintanar opina: "el materialismo histórico constituye un cuerpo teórico fundamental que presenta importantes sugerencias para la investigación histórica, pero de ninguna manera puede, por sí mismo, sustituir el trabajo concreto que implica el quehacer histórico".[51]

En el momento actual muy pocos historiadores creen en la clave universal iluminadora de cada uno de los episodios y del conjunto de la marcha del hombre. La mayoría de los del gremio niega ya la existencia de leyes de la historia, por lo menos, en el mismo sentido en que hablan las leyes en el ámbito de las ciencias naturales. A pocos historiadores les quita el sueño la búsqueda de la ley del desarrollo histórico. Sí se los quita, en cambio, a los practicantes de las ciencias sistemáticas del hombre. Nuestros colegas sólo aspiran a hacer esbozos explicativos, que no explicaciones rigurosas basadas en leyes y "no debemos esperar que una interpretación general se vea confirmada por estar de acuerdo con todos los rastros registrados"[52]. Popper cree que siempre habrá cierto número de interpretaciones

---

[51] Andrea Sánchez Quintanar, "La historiografía marxista mexicana" en Panorama actual de la historiografía mexicana. México, Instituto Dr. José María Luis Mora, 1983, pp. 23-31
[52] Cardoso, op. cit., p. 110

ulteriores (y quizá compatibles) coincidentes con esos mismos registros. Según él, en la historia "rara vez pueden obtenerse teorías susceptibles de ser verificadas, y por consiguiente de carácter científico"[53]. Pero aunque se llegara a obtenerlas, no siempre se usarían, como sucede con el mundo vegetal. La existencia de sólidas leyes botánicas no excluye el conocimiento particular y amoroso de las plantas que practican campesinos y jardineros. La historia tiene dos mil quinientos años de operar en el nivel precientífico sin desmoronarse. En algunos de sus caminos, como son los de la heurística y los de la crítica ha conseguido, en los tiempos modernos, excelentes técnicas para entrar en conversación con los difuntos. En etiología se ha avanzado poco.

Para hacer inteligibles y útiles los libros de historia hay que suprimir los ismos o recetas que ofrecen los mercados del pensamiento y el poder. Lo único recomendable en la etapa interpretativa es el talento del historiador, el prudente uso de la loca de la casa como le decía Santa Teresa a la imaginación. Para explicar y escribir no hay recetas valiosas aunque muchos se sirvan de ellas. "Como la inteligencia humana es de suyo perezosa, se arroja con voracidad sobre las recetas de pensar que prometen algún ahorro de esfuerzo. De aquí que ni educadores ni educandos se ocupen todo lo que debieran en el estímulo de la imaginación histórica, que supone una capacidad natural –una "inspiración", acentuaría un romántico-, sin la cual jamás podrá establecerse la comunicación eléctrica entre el pasado y

---

[53] Karl Popper, La miseria del historicismo. Madrid, Alianza Editorial, 1973.

el profeta del pasado"[54]. Que los educadores no intenten enseñar rutas para salir del trance explicativo, sino inducir a los educandos al desarrollo de sus potencialidades, de sus talentos, de sus propias fuerzas; sobre todo, de la fantasía. Tampoco han de excederse en la recomendación de prohibiciones. La mayoría de éstas son esclavas de modas. Cuando estudiaba, los maestros prohibían al unísono el empleo de

Juicios de valor,

el empleo, por mínimo que fuera, de reproches y alabanzas. El buen entendedor de los difuntos vituperaba a Nuño de Guzmán, la matanza de Cholula, la esclavitud de los negros, el peonaje, la inquisición, la piratería, el imperialismo inglés, el imperialismo yanqui, la servidumbre por deudas, la discordia civil, el pensamiento mágico, el fanatismo religioso, la persecución religiosa, los bandoleros, las dictaduras, la anarquía y aun las peores iniquidades. Tampoco elogiaba el aguante de Cuauhtémoc, los gritos de Hidalgo y lo impasible de Juárez.

A lo largo de muchas centurias la historia había servido "para justificar, para ensalzar, para canonizar", así como "para el vituperio, para la sátira y para el ejercicio de la crítica"[55]. Según Carr, "la convicción de que es deber del historiador pronunciar juicios morales acerca de sus *dramatis personae* tenía un rancio abolengo. Pero nunca tuvo la fuerza que en la Gran Bretaña del siglo XIX, cuando contribuían a ella tanto las tendencias moralizadoras de la época como un culto sin trabas del individualismo. Rosebery dijo que lo que los ingleses querían saber de

---

[54] Alfonso Reyes, "Mi idea de la historia" en Antología de Alfonso Reyes, México, 1979, p. 213

[55] José Bermejo Barrera, Psicoanálisis del conocimiento histórico. Madrid, Akal, 1983

Napoleón era si había sido un hombre bueno. Acton, en su correspondencia con Creighton, declaraba que "la inflexibilidad del código moral es el secreto de la historia", y quiso hacer de la historia "un árbitro de las controversias, una guía para el caminante, el detentador de la norma moral...", el juez supremo de todas las épocas.

A lo largo de la historia de México, los historiadores jueces han tenido mucha aceptación. Numerosos personajes de nuestra vida nacional, maltratados por la opinión pública, han pedido que la historia los juzgue. La mayoría de nuestros políticos gordos de ayer y de hoy parece que quisieran decirle a todo historiador que se topan en su camino: "tú serás nuestro juez". De hecho muchos personajes históricos han exclamado: "la historia nos juzgará". Sin duda la mayoría de los historiadores se han puesto la toga del juez con gran gusto, sobre todo para convenir a ciertas gentes. No sólo Genaro y Rubén García se han portado muy rigurosos con Hernán Cortés y sus huestes. Forman legión los denostadores de Nuño de Guzmán; Agustín de Iturbide, Miguel Miramón y Victoriano Huerta. Como quiera, son cada vez más los declarados inocentes y beneméritos. También son cada vez menos los historiadores que se atreven a juzgar a los difuntos notables de la historia patria.

En el actual gremio de Clío predomina la fobia contra los jueces precursores del Valle de Josafat. El combatiente por la historia Lucien Lebvre, enfatiza: "no, el historiador no es un juez. Ni siquiera un juez de instrucción. La historia no es juzgar; es comprender y hacer comprender. No nos cansamos de repetirlo"[56]. Pierre Salmón y Jean Batiste Duroselle aseguran que el historiador no debe deducir de los hechos culpabilidad o

---

[56] Febvre, Combates por la historia, p. 167

inocencia. "El autor ha de esforzarse, según Duroselle en descubrir los objetivos, las intenciones, las motivaciones, las convicciones, incluso los mitos de cada una de las partes interesadas, sin acomodarlos a sus propios juicios de valor. No debe repartir reproches o elogios... El hecho mismo de que exista un conflicto, y de que cada una de la partes crea sinceramente estar en lo cierto, presupone que dos concepciones distintas, una y otra subjetivas, se han enfrentado. ¿Qué moral universalista... sería capaz de decidir entre esas dos concepciones...? Por otra parte, ¿qué interés puede tener para la ciencia que un historiador emita juicios de valor? Sea cual fuere su buena voluntad, es tan sólo un individuo entre la masa de los demás y su opinión personal carece realmente de importancia"[57]. Casi todos los académicos detestan al historiador que asume el pedante papel de juez.

Junto a quienes piden el olvido de las historias de buenos y malos están los historiadores maniqueos que interpretan el acontecer histórico como lucha entre la luz y la sombra, los patriotas y los traidores, lo buenos muchachos del capitalismo y los socialistas camorreros o viceversa, los apóstoles de proletariado y los lobos del hombre. Incluso algunos distinguidísimos pensadores de nuestros días como Isaiah Berlin sostienen que una de las tareas del historiador es la de "juzgar a Carlomagno, a Napoleón, a Gengis Kan, a Hitler o a Stalin por sus matanzas". "La ciencia marxista, por su parte defiende categóricamente el derecho de la ciencia histórica a la evaluación y el juicio, y es –según Kula- la única concepción interiormente consecuente al comprobar que es posible y válido el juicio histórico... En la metodología marxista nos encontramos por lo general

---

[57] Salmón, Historia y crítica, p. 151

con dos criterios de juicio: el criterio de concordancia con las regularidades históricas... y el criterio de concordancia con los intereses de las masas populares".[58]

Aunque ninguna corriente justificara el juicio histórico, éste seguiría dándose: "Ningún escritor que se ocupe de las cuestiones humanas puede reprimir todos los sentimientos favorables u hostiles sobre los hechos y personas que describe. En este sentido, debiéramos agradecer cualquier indicación franca sobre sus simpatías y antipatías". En este caso sólo nos molestaría un abuso de vituperios y elogios que acabe por encubrir la información. "Hay dos razones que nos impiden liberarnos de las palabras emocionalmente lastradas. La primera es que no hemos acuñado términos suficientes para trasmitir la enorme variedad de interacciones humanas" ni los acuñaremos con éxito. "Los vocablos...aunque sean perfectamente asépticos en el momento de su creación, cobran muy pronto matices de elogio o censura"[59]. Las famosas etiquetas del marxismo (comunismo primitivo, esclavitud, modo de producción asiático, feudalismo, capitalismo y socialismo) ya no sólo identifican conductas sociales; también les dan una calificación. Cuando a un modo de producción se le dice capitalista se le está vituperando. En cambio, la denominación de socialista da visos de bondad.

Las historias de todos los historiadores contienen los llamados juicios de valor, proposiciones en que se predica del sujeto un valor biológico, ético, estético o religioso. No es posible evitar los juicios de valor y quizá no sea deseable. Bertrand Russell dice: "un historiador que sea

---

[58] Witold Kula, Reflexiones sobre la historia, México, Ediciones de Cultura Popular, 1984, pp. 97-98
[59] Andreski, Las ciencias sociales como forma de brujería, pp. 120-127

imparcial, en el sentido de no preferir un partido a otro y en el de no permitirse tener héroes y malvados entre sus caracteres, será un escritor sin brillo. Si esto ocasiona la unilateralidad de algún historiador, el remedio consiste en buscar otro historiador que esté aquejado del prejuicio opuesto al del primero..." Si usted quiere saber cómo era la vida en la época de las luchas religiosas, lo conseguirá, probablemente, leyendo las historias protestante y católica, pero no lo conseguirá si sólo lee a los autores "desapasionados"... No me agrada la tendencia, a que propenden algunos historiadores modernos, que atenúan todo lo que hay de dramático en la historia y demuestra que los héroes no fueron tan heroicos ni los malvados tan perversos"[60]. ¿Acaso conviene volver a la historia plagada de calificativos como valiente y cobarde, sano y morboso, grande y pequeño, patriota y traidor, benigno y cruel, bueno y malo, hermoso y horrible, inteligente y tonto, sabio y palurdo, piadoso e impío y revolucionario y reaccionario?

En lugar de la imposible supresión de los juicios valorativos en los textos históricos, Andreski propone "un compromiso moral con la justicia, la disposición del estudioso a ser justo con las personas y las instituciones, a evitar las tentaciones del pensamiento interesado o venenoso y la valentía de resistir las amenazas y las seducciones". Pensar que la historia científica excluye los juicios morales supone ignorar su naturaleza y ver con desdén el reclamo popular que pide a gritos los juicios de valor; quiere que se juzguen con la balanza de los valores vigentes ahora a los hombre muertos; detesta la neutralidad en historia; reclama a los sacerdotes de la ciencia de lo acontecido, que además de explicar, comprender y referir, dicten sentencia sobre

---

[60] Bertrand Russell, *Retratos de memoria y otros ensayos*. Madrid, Aguilar, 1962, pp. 176-177

personajes, hechos e instituciones. Por tanto, el historiador que prefiera el aprecio público debe cumplir con la obligación del juez, y quien aprecie sobre todo el juicio de los colegas que se abstenga de parecer juez, ya que no puede dejar de serlo, y que sólo juzgue cuando tenga suficientes pruebas para hacerlo o palabras para disimularlo.

Las historias que se acostumbra leer hoy día distan mucho de ser filmes o reproducciones fotográficas de las actividades de los muertos cuanto eran vivos. Las historias suelen servirse al público consumidor aderezadas con distintos males y cremas. Los paladares exquisitos de los académicos exigen la salsa de las explicaciones intencionalista, genética y dialéctica, y el lector raso la salsa enchilosa de los juicios de valor. Pero no es todo. El consumo de novelas verídicas obliga a quien las hace a ofrecerlas en forma grata a la vista y a darles la cocción o punto que las vuelva sabrosas. Conseguida la faena de comprender, explicar y juzgar, se pasa al arte de la composición y al arte de la escritura.

Tercera Parte:
Eje Operativo Instrumental

Profundización teórica, metodológica y práctica

¿Cómo precisar nuestra definición y ahondar en ella? Una posibilidad estriba en examinar los problemas que esta gestión plantea en el campo científico considerado.

Problemas epistemológicos ligados a la elaboración de los saberes

¿Qué saber puede adquirirse por observación?

La inmersión total y prolongada del observador en la situación observada puede desencadenar una intensa implicación mutua de los asociados. Operan a través de este contacto una cierta forma de regresión que les conduce a unos análisis esquemáticos realizados en una comunidad fusional.

Un contacto prolongado observador-observado, efectuado en otras condiciones relacionales, puede conducir al observador a integrar por imitación una parte del saber hacer o de las actitudes del otro. No hay duda de que existe esta forma de adquisición; corrientes teóricas muy diferentes como las de Wallon y de Bandura la hacen desempeñar un papel importante en el niño pequeño o a lo largo de toda la vida (Winnikamen, 1982; Fortin, 1985).

Es indudable también que la adquisición por observación exige el ir y venir que propugnamos entre la definición de un punto de vista, o conjunto de proposiciones explícitas sobre el objeto estudiado, y la cuestión directamente estudiada observable o no. Este modo de elaboración, mediatizada de manera permanente por el lenguaje, permite calificar mejor el objeto y sobre todo responder a la pregunta planteada por este objeto. La observación así efectuada ayuda al observador a identificar unos procedimientos individuales de construcción de los conocimientos y a conocer sus centraciones y análisis espontáneos. Un observador de la actividad gímnica puede muy bien, por ejemplo, privilegiar, sin saberlo, los aspectos estéticos con relación a la complejidad técnica de los movimientos.

¿Cuál es el nexo entre los fenómenos observados y los hechos científicos?

La tesis de la teoría causal recordada por Bunge (1984, p. 58) afirma que "nuestras percepciones no son nunca ni espontáneas ni aleatorias, sino que resultan producidas legítimamente por objetos extraperceptuales". Según la hipótesis filosófica, los hechos objetivos preceden ontológicamente a los hechos de la experiencia, los únicos perceptibles. Consideramos que esta tesis del "descubrimiento del sentido oculto" da cuenta de un número limitado de leyes físicas cuya formulación es totalmente independiente de las observaciones y de las condiciones de observación (teoría de la relatividad, teoría de la gravitación...). En ciencias humanas, las leyes establecidas son dependientes de las condiciones de observación y a veces incluso de la elección de los indicadores. En estas condiciones, el hecho científico no determina nuestras observaciones, se haya construido por éstas. Estas diversas construcciones influyen después en la elaboración de varios puntos de vista sobre los fenómenos observados. El observador experimentado es el que acepta contribuir a este ir y venir entre lo que revela la organización de los fenómenos y los saberes anteriormente construidos sobre ellos para elaborar nuevos saberes.

Problema del Método

El conocimiento implicado y el conocimiento no implicado

La regla procedente de las ciencias físicas y de la materia es construir unos conocimientos sin interferir en el fenómeno estudiado. Esta posición de exterioridad resulta más difícil de mantener en etología y en las ciencias humanas. Se mantiene desde luego mejor en la experimentación, aunque el hecho de seleccionar a los sujetos de la experiencia a través del dinero, del chantaje respecto del título o del voluntariado cree una relación con la tarea de la que no se mide su impacto sobre los resultados.

La regla sugerida es la de controlar la implicación del observador sin pretender anularla. Los cuatro ejemplos propuestos a continuación marcan la implicación creciente del investigador:

1. El observador interviene sin prevenir a los observados y hace de tal modo que no sea detectable. Esta es a veces la única solución para estudiar ciertos problemas: el soliloquio en el niño, las comunicaciones en las salas de estaciones o en los jardines públicos, por ejemplo.
2. El observador limita su implicación al establecimiento de un contrato de trabajo y a la obtención de las condiciones que favorezcan al máximo su integración.
3. El observador comienza por hacerse admitir y conocer antes de intervenir. De tal manera proceden el etólogo que observa los ritos culturales y el psicólogo del trabajo.
4. El observador desea implicarse para estudiar un fenómeno a través de los cambios que trata de

provocar. La regla consiste entonces en que el guión de la intervención resulte perfectamente explícito y que se recurra a unos observadores totalmente exteriores.

¿Puede ser preparada la situación de observación?

La observación de una situación natural compleja es a menudo deseada porque se la estima más válida (Bickman, 1977, p. 251), pero es un estudio difícil de realizar. Entonces resulta deseable una preparación de la situación natural de los observados. Puede hacerse de tres formas:

1. Por modificaciones menores de las condiciones de trabajo de los observados. La acción estudiada se centra en tareas precisas, libres de los apremios del ejercicio habitual del trabajo de las personas observadas.
2. Por introducción de una tarea, equivalente a la tarea habitual pero más observable. Facilita entonces la constitución de trazos, bajo la forma de dibujo, o la anotación de movimientos ampliados.
3. Finalmente, por acoplamiento de una observación inicial sobre el terreno con la observación simulada en el laboratorio. Los aspectos esenciales del fenómeno estudiado son así reconstruidos y observados con mayor precisión.

Relación entre observación e investigación

¿Cuál es la especificidad de la observación en investigación?

La vía de actuación propuesta se aplica a unas situaciones insertas en un contexto social. Estas situaciones pueden ser escogidas en todos los campos de la vida social de trabajo y fuera del trabajo. Según sean los intereses de los interesados, del investigador o del observado, la investigación puede orientarse hacia diferentes tipos de cuestiones. Los trabajos ya efectuados en los campos de la educación, de la salud y del trabajo o sobre temas transversales permiten admitir unas perspectivas y unas focalizaciones privilegiadas. Se trata en la mayor parte de los casos de estudios transversales, precisos y centrados sobre la clasificación exhaustiva y sobre la enumeración de segmentos muy finos de comportamiento, como el estudio detallado de las expresiones faciales (Lèventhal y Sharp, 1965), el inventario de los gestos (Ekman y Friesen, 1969) y el inventario de los actos pedagógicos enumerados por Postic (1981).

Se advierte una sensible evolución en los trabajos de etología y de psicología. El etólogo considera cada vez menos el establecimiento de repertorios de la conducta. Cada vez más se interesa por los medios de comprobar unas cuestiones generales sobre la sociabilidad animal. Este es el caso de Thierry (1985), tratando de comparar las interacciones de afiliación, según la categoría del animal en el grupo, entre varias especies de primates. Pero la etología se interesa también cada vez más por describir unos comportamientos complejos: el de las comunicaciones entre niños en las guarderías (Montagner, 1978) o el de los gestos estereotipados de los minusválidos visuales (Dumont, Markovits, 1982).

En psicología, una doble evolución justifica el creciente recurso de la observación para estudiar la actividad cognitiva. Tras la detección de las grandes estructuras operatorias que fijan los límites superiores e inferiores de las capacidades de los sujetos, los psicólogos se interesan por la manera en que éstos aplican sus estructuras a tareas concretas. El análisis de los procedimientos describe el razonamiento del sujeto a través del encadenamiento de las acciones, ligado a su vez a sus capacidades estructurales y a las exigencias de la tarea que hay que tratar (Mendelson, 1981). Al mismo tiempo, se presta una atención particular al enlace entre la significación de los contenidos del problema que hay que resolver y las modalidades del funcionamiento aplicado por los sujetos (Longeot, et al., 1982). La segunda evolución de la psicología cognitiva se manifestó en ocasión del coloquio de Rouen en 1981.

Muchos de los trabajos presentados trataban de determinar la lógica del sujeto al aprender tareas complejas, como el manejo del torno en mecánica (Dole, 1983) o nociones complejas, como el concepto de onda electromagnética (Cornetti, el al., 1983).

Las condiciones del acto de observación

La construcción de un saber está igualmente ligada a las condiciones en las que trabaja el observador. Estas se encuentran definidas por el conjunto de los elementos materiales y representativos que influyen, directamente o no, en el desarrollo del acto de observación. Entre éstos clasificamos:
- los determinantes personales y a los proyectos de los agentes;
- las relaciones que mantienen entre sí y con la situación:
- y finalmente, las primeras decisiones de acción o sus primeros resultados.

Estos determinantes actúan directamente y combinándose en todas las fases de la acción. Pero cabe pensar que ciertas familias de determinantes actúan más correctamente en ciertos momentos. Así, se puede atribuir un papel importante al comienzo de la observación a:
- la historia del sujeto;
- su formación;
- su experiencia;
- las condiciones efectivas (y percibidas) brindadas al observador;
- las preguntas que se plantea o que le plantean.

Después, la recogida de los datos va sin duda más directamente influida por el contexto institucional, por las condiciones espaciales y temporales en las que se desarrolla, por el contrato que liga a todos los agentes, por la existencia o inexistencia de un dispositivo de recogida sistemática de los datos. La producción reiterada de significantes se encuentra modulada por los modos de captación privilegiados, personales o adquiridos por la educación (alternancia de percepción global y de detalles, sensibilidades propias...). Esta producción es también modulada por los primeros observables producidos, por la existencia o inexistencia de regulaciones intraindividual e interindividual (modificación colectiva de lo que ha sido realizado hasta entonces). Para terminar, el tratamiento de los observables y la elaboración del mensaje que hay que transmitir están probablemente muy influidos por los saberes anteriores, la elección del destinatario y el tipo de acción que se pretende ejercer sobre él (describir, redactar un informe de trabajo exploratorio...,).

Las condiciones de observación influyen en las posiciones teóricas y prácticas que adopta el observador. Pueden alterar también las actitudes recíprocas entre observador y observado: sentimiento de molestia, impresión en el observador de ser un "voyeur" o un perseguidor, sensación de ser juzgado, desposeído de un saber o de exhibirse en el observado. Finalmente, estas condiciones favorecen o no la activación *de sesgos generales* en la selección de la observación (Barker, 1973, citado por Michiels, 1984):

- *el efecto de halo* es la impresión dominante en el observador que está aplicado al conjunto de los observables;
- *el efecto Hawthorne* es un efecto de activación general, más o menos duradero entre los

observados y debido a la presencia del observador, percibida como valorizante;
- *el efecto de congruencia o de contraste*: ligado a la distancia entre lo que es observado y las experiencias o los análisis anteriores del observador;
- *la concentración* en los elementos salientes, en los tiempos fuertes en la actividad en perjuicio de los demás momentos y de las rupturas en la actividad.

El impacto de estos efectos puede ser parcialmente reducido por la formación del observador y por su adiestramiento en la recogida sistemática de los datos.

Las operaciones en acción en el proceso de atribución de sentido y de construcción de un saber

La observación moviliza unas operaciones generales en acción en toda percepción de objeto físico presente: selección de índices, categorización, denominación, asociación a unas experiencias, clasificación y producción de frases para dar cuenta a otros. Observar es también percibir unos objetos sociales complejos en el interior de una situación caracterizada socialmente en la que interfieren objetos físicos, animales o humanos.

La observación no se limita ya a testimoniar la existencia de estos diversos elementos. Se propone dar un conjunto integrado de significaciones sobre un fenómeno las más de las veces no directamente perceptible.

Las primeras operaciones cognitivas del observador van ligadas a una inicial forma de activación del marco de referencia global del que dispone el observador (esquemas de análisis, conocimientos, experiencias), con ocasión del primer contacto con la situación observada. Las ideas a priori sobre esta situación y las ideas que emergen a partir de los momentos iniciales de la observación evocan una clase de saber y de experiencia encontrada. Esta holgada activación va a contribuir a organizar la prosecución de una observación flotante y la concentración en algunos índices. Las percepciones precisas, añadidas a las ideas que se hallan asociadas con la situación en su conjunto, generan en el observador una comprensión casi inmediata. Un primer intercambio entre observadores facilita entonces la emergencia de un campo de estudio, de una cuestión y después de un problema estudiable. Esta concentración conduce a una activación más selectiva del marco de referencia del observador. Entonces se movilizan concretamente unos modos de enfoque, unos saberes y unos sistemas de juicio para formar de manera explícita el problema considerado y realizar el inventario de los signos o índices pertinentes con objeto de proseguir el estudio.

Los trabajos de investigación de Tyler y Crocker (1981) sobre la memoria testimonian que el esquema o "estructura cognitiva que representa un campo... y que incluye unos planes para interpretar y recoger la información referida a este esquema" ayudan a un recuerdo más rápido y a una fijación más estable de la información presentada. Hemos mostrado (Cassano, Massonat, 1982) que, al utilizar el esquema organizador de la noción de necesidad, resulta posible obtener unos cambios relativamente estables de la representación de esta noción. Ehrlich (1985) avanza la hipótesis más general para explicar la instalación de un marco de referencia específicamente activado: en cuanto que el observador posee una idea más precisa de la cuestión que explora o de las líneas generales acerca de la manera de plantearla, existiría una constitución de una ordenación particular de conceptos, de operaciones disponibles, momentáneamente conectados y activos. Esta activación circunstancial organizaría una primera selección de información cuya interpretación estabilizaría o modificaría el marco de análisis activado. Esta hipótesis nos parece compatible con la idea de una selectividad de la toma de información, que quedaría determinada por la superposición o la yuxtaposición de varios subsistemas activados y a los que calificaremos de filtros. Droz (1984) habla de "filtros epistémicos", a los que añadiremos la existencia de "filtros situacionales o socio-institucionales" y de "filtros experienciales". Los primeros encasillados implícitos de lectura nos remiten a los conocimientos, a las maneras de formular los problemas y a los modos de razonamiento preferenciales. Los segundos evocan unas actitudes, unas posiciones de grupo (ética, socioeconómica, cultural...). Los últimos conciernen a las sensibilidades adquiridas por el observador a través de sus anteriores experiencias de vida: preferencia sensorial, relación privilegiada con los individuos y con los objetos...

La investigación no nos explica en qué condiciones son activados estos marcos de referencia circunstanciales y cómo se opera el orden de solicitación. Pero resulta bastante comprensible que, una vez acometida, tal acción influya en el juego de las operaciones requeridas para la elaboración de las significaciones.

1. La primera operación llamada de "objetivación" trata de estructurar, de proporcionar unas formas conocidas y lo más variables posible de una cultura otra. Esta operación se manifiesta también a través de todas las informaciones que ayudan al destinatario ausente a construir una significación: precisiones sobre el modo de construcción de la imagen, inventario de los elementos constituyentes de la situación, localización espacial y temporal de estos elementos. El observador trata de reflejar

ciertas partes de realidad y de reconstruir las otras con la ayuda de palabras de uso muy frecuente y de símbolos comúnmente reconocidos en su grupo y en el destinatario del mensaje. Las formas prototípicas son integradas en las formas de expresión más habituales. El observador firma también su pertenencia a unos grupos y facilita la comunicación con unas personas ausentes. El término objetivación abarca en parte el sentido dado por Barthes a la "denotación de la realidad por palabras". Subraya el nexo, socialmente bien reconocido, entre el signo y el significante y evoca su aspecto económico y utilitario en el intercambio lingüístico.

2. La segunda operación llamada de "subjetivación" señala el punto de vista específico del observador sobre el sujeto, su colocación en la situación percibida, su manera de organizar la lectura y a veces la resonancia que ha tenido el objeto en su persona. Esta operación permite al observador testimoniar con su experiencia personal o colectiva a través de las formas, de las impresiones y de los juicios que le son propios. El sentido que damos a esta operación delimita una intersección muy débil con el término de "denotación" de los semiólogos y de los lingüistas (evocación de un significado marginal o lateral más difícil por parte del destinatario).

Consideramos que las dos operaciones evocadas contribuyen a dar unas significaciones cuyas denominaciones se organizan en frases, relatos y comentarios cada vez más organizados. El hecho de redactar un informe de observación para un destinatario preciso provoca una reelaboración aún más estructurada del mensaje.

Hipótesis de un nexo de oposición y de complementariedad entre las operaciones.

Las dos operaciones aisladas pueden producir unidades de significación distintas que se diferencian y se completan en un contenido y en su función comunicativa. Las propiedades de estas operaciones aparecen cuando se bloquea experimentalmente una de ellas. Se advierte entonces que el desequilibrio del funcionamiento de una u otra de estas operaciones afecta a la comprensión del mensaje y al cuestionamiento que sigue. La ausencia de objetivación se produce, por ejemplo, en una codificación o en un discurso que se vuelve delirante por falta de relación con la realidad descrita. Por el contrario, la ausencia de subjetividad hace difícil la categorización de los elementos percibidos y muchos de éstos ya no se hallan diferenciados. El funcionamiento habitual del observador es analizable a partir de sus informes escritos. Por análisis de contenido cabe deducir la proporción relativa de elementos que se refieren de manera específica a una de las dos operaciones citadas o a ninguna. Esta proporción varía de un individuo a otro respecto de una misma situación. Varía también en función de la naturaleza de la situación: describir unos objetos fácilmente identificables o analizar la actividad cognitiva; depende finalmente de la relación de implicación de la observación con las siguientes halladas: fenómeno vivido penosamente o fenómeno nuevo. Las investigaciones en curso tendrán que precisar el interés y los límites de este indicador de funcionamiento para diferenciar los efectos específicos o conjuntos de los observadores y de las situaciones.

Relación entre las operaciones descritas y los calificativos objetivo-subjetivo.

Es preciso distinguir las operaciones en acción en la construcción de sentido del juicio que cabe formular sobre su producto. ¿Cabe, más allá de la proximidad terminológica, calificar de objetivos todos los resultados de la objetivación y de subjetivos todos los resultados de la subjetivación?

La respuesta depende de la definición dada a estos calificativos. Consideramos que:

- "objetiva" califica a una descripción fiel (o imagen-reflejo de los objetos), sin parcialidad, sin transformación arbitraria o tendenciosa;
- "subjetiva" caracteriza entonces a una descripción que transforma el objeto e indica la reacción afectiva del sujeto frente al objeto.

Sobre la base de estas definiciones, un investigador que analice los protocolos escritos de observadores confrontados con una imagen fija podrá estimar la distancia de cada forma producida con relación a la realidad, refiriéndose a las estadísticas de percepción de esta imagen. Sea cual fuere la fuerza de la estructuración del material por parte del observador y sea cual sea la libertad con relación a las formas más frecuentes, el investigador considerará esta forma como un producto de la objetivación. Un testigo ingenuo tendería a calificar de "subjetivas" las formas menos estructuradas y las que se encuentran a distancia de las formas pregnantes que percibe.

Por otro lado, una pequeña parte de los productos de la subjetivación podrán ser calificados de subjetivos. Son los puntos de vista de los observadores los que expresan la repercusión del objeto sobre sus propias personas. Pero, como ya hemos evocado, el punto de vista del observador no se reduce a este impacto del objeto sobre la afectividad, puesto que expresa igualmente las diferencias de lugar, de papel, de competencia, de puntos de vista epistemológicos, etc.

En definitiva, la delimitación racional introducida nos permite mantenernos en el espíritu de la definición de Bunge (1984):

"La objetivación científica es una percepción premeditada e ilustrada, una operación selectiva e interpretativa en la que las ideas poseen al menos tanto peso como las impresiones sensoriales: esto las hace pertinentes para el conocimiento conceptual y al mismo tiempo las hace fuente de error".

Para entender mejor este texto se podría reemplazar el término "error" por la idea de una diversidad de puntos de vista marcados por transformaciones, lagunas y olvidos.

Sobre la artesanía intelectual

Para el investigador social individual que se siente como parte de la tradición clásica, la ciencia social es la práctica de un oficio. En cuanto hombre que trabaja sobre problemas esenciales, figura entre los que rápidamente se impacientan y se cansan de discusiones complicadas sobre método-y-teoría-en-general, que interrumpen sus propios estudios. Cree que es mucho mejor la información de un estudioso activo acerca de cómo procede en su trabajo que una docena de "codificaciones de procedimiento" hechas por especialistas que quizá no han realizado ningún trabajo de importancia. Únicamente mediante conversaciones en que pensadores experimentados intercambian información acerca de su manera real de trabajar puede comunicarse al estudiante novel un concepto útil del método y de la teoría. Por tanto, creo útil referir con algún detalle cómo procedo en mi oficio. Esto es, inevitablemente, una declaración personal, pero está escrita con la esperanza de que otros, en especial los que inician un trabajo independiente, lo harán menos personal por los hechos de su propia experiencia.

1

Creo que lo mejor es empezar por recordaros a los estudiantes principiantes que los pensadores más admirables de la comunidad escolar a la que habéis decidido asociarnos no separan su trabajo de sus vidas.

Parecen tomar ambas cosas demasiado en serio para permitirse tal disociación y desean emplear cada una de ellas para enriquecer a la otra. Desde luego, esa escisión es la convención que prevalece entre los hombres en general, y se deriva, supongo yo, del vacío del trabajo que los hombres en general hacen hoy. Pero habéis advertido que, como estudiantes, tenéis la excepcional oportunidad de proyectar un tipo de vida que estimule los hábitos de la buena artesanía. El trabajo intelectual es la elección de un tipo de vida tanto como de una carrera; sépalo o no, el trabajador intelectual forma su propio yo a medida que trabaja por perfeccionarse en su oficio; para realizar sus propias potencialidades y aprovechar las oportunidades que se ofrecen en su camino, forma un carácter que tiene como núcleo las cualidades del buen trabajador.

Lo que significa esto es que debéis aprender a usar vuestra experiencia de la vida en vuestro trabajo intelectual, examinándola e interpretándola sin cesar. En este sentido la artesanía es vuestro propio centro y estáis personalmente implicados en todo producto intelectual sobre el cual podáis trabajar. Decir que podéis "tener experiencia" significa, entre otras cosas, que vuestro pasado influye en vuestro presente y lo afecta, y que él define vuestra capacidad para futuras experiencias. Como investigadores sociales, tenéis que dirigir esa complicada acción recíproca, captar lo que experimentáis y seleccionarlo; sólo de esa manera podéis esperar usarlo para guiar y poner a prueba vuestro pensamiento, y en ese proceso formaros como trabajadores intelectuales. Pero, ¿cómo podréis hacerlo? Una solución es: debéis organizar un archivo, lo cual es, supongo yo, un modo de decir típico de sociólogo: llevad un diario. Muchos escritores creadores llevan diarios; la necesidad de pensamiento sistemático que siente el sociólogo lo exige.

En el archivo que voy a describir, están juntas la experiencia personal y las actividades profesionales, los estudios en marcha y los estudios en proyecto. En este archivo, vosotros, como trabajadores intelectuales, procuréis, reunir lo que estáis haciendo intelectualmente y lo que estáis experimentando como personas. No temáis emplear vuestra experiencia y relacionarla directamente con el trabajo en marcha. Al servir como freno de trabajo reiterativo, vuestro archivo os permite también conservar vuestras energías. Asimismo, os estimula a captar "ideas marginales": ideas diversas que pueden ser subproductos de la vida diaria, fragmentos de conversaciones oídas casualmente en la calle, o hasta sueños. Una vez anotadas, esas cosas pueden llevar a un pensamiento más sistemático así como a prestar valor intelectual a la experiencia más directa.

Habréis advertido muchas veces con cuanto cuidado tratan sus propias inteligencias pensadores consumados, y cuan atentamente observan su desarrollo y organizan su experiencia. La razón de que atesoren sus menores experiencias es que, en el curso de una vida, el hombre moderno tiene muy poca experiencia personal, y sin embargo la experiencia es sumamente importante como fuente de trabajo intelectual original. He llegado a creer que el ser fiel a su experiencia sin fiarse demasiado de ella es una señal de madurez del trabajador. Esa confianza ambigua es indispensable para la originalidad en todo trabajo intelectual, y el archivo es un medio por el que podéis desarrollar y justificar tal confianza.

Llevando un archivo adecuado y desarrollando de ese modo hábitos de auto-reflexión, aprendéis a mantener despierto vuestro mundo interior. Siempre que os impresionen fuertemente sucesos o ideas, no debéis dejarlos irse de vuestra mente, antes al contrario, debéis formularlos para vuestro archivo y, al hacerlo, desentrañar todo lo que implican, y demostraros a nosotros mismos la insensatez de aquellos sentimientos o ideas o la posibilidad de articularlos en forma productiva. El archivo os ayuda también a formaros el hábito de escribir. No podéis tener la "mano diestra" si no escribís algo por lo menos cada semana. Desarrollando en archivo, podéis tener experiencia de escritores y cultivar, como suele decirse, vuestros medios de expresión. Llevar un archivo es controlar la experiencia.

Una de las peores cosas que les suceden a los investigadores sociales es que sienten la necesidad de escribir sus "planes" sólo en una ocasión: cuando van a pedir dinero para una investigación específica o para "un proyecto". La mayor parte de los "planes" se escriben para pedir fondos, o por lo menos se redactan cuidadosamente para ese fin. Aunque esta práctica está muy generalizada, la considero muy mala: está condenada a convertirse, por lo menos en cierta medida, en un "arte de vender" y, dadas las expectativas que hoy prevalecen, en acabar muy probablemente en afanosas pretensiones; el proyecto quizá va a ser "presentado" después de redondearlo de una manera arbitraria mucho antes de lo que debiera; muchas veces es una cosa amañada, destinada a conseguir dinero para fines diferentes, aunque valiosos, de los de la investigación ofrecida. Un investigador social que trabaja debe revisar periódicamente "el estado de mis planes y problemas". Un joven, precisamente al comienzo de su trabajo independiente, debe reflexionar acerca de esto, pero no puede esperarse –ni lo esperará él mismo- que vaya muy lejos con esto, y evidentemente no debe entregarse con excesiva rigidez a ningún plan. Todo lo que puede hacer es orientar su tesis, que infortunadamente se supone ser su primer trabajo independiente de alguna extensión. Cuando estéis a la mitad del tiempo de que disponéis para el trabajo, o en su tercera parte, es cuando esa revisión puede ser más fructuosa y hasta quizá interesante para los demás.

Un investigador social activo que avanza en su camino debe tener siempre tantos planes, que es tanto como decir ideas, que se pregunte constantemente: ¿En cuál de ellos trabajaré?, ¿debo trabajar, después? Y debe llevar un pequeño archivo especial para su agenda principal, que escribirá una y otra vez para sí mismo y quizá para discutirla con los amigos. De tiempo en tiempo debe revisarla muy cuidadosamente y con fines muy determinados, y en ocasiones también cuando esté descansado.

Un procedimiento así es uno de los medios indispensables por los cuales vuestra empresa intelectual se mantiene orientada y bajo control. El intercambio amplio e informal de esas revisiones del "estado de mis problemas" entre investigadores sociales activos, es, me parece, la única base para una formulación adecuada de "los principales problemas de la ciencia social". Es improbable que en una comunidad intelectual libre haya, y es seguro que no deba haberlo, un bloque "monolítico" de problemas. En esa comunidad, si florece de una manera vigorosa, habría interludios de discusión entre los individuos acerca del trabajo futuro. Tres clases de interludios –sobre problemas, sobre métodos, sobre teoría- deben resultar del trabajo de los investigadores y conducir al nuevo; deben recibir su forma del trabajo en marcha y en cierta medida deben orientarlo. Esos interludios constituyen la razón de ser una asociación profesional. Y también es necesario para ellos vuestro archivo personal.

Bajo diversos encabezados hay en vuestro archivo ideas, notas personales, resúmenes de libros, notas bibliográficas y esbozos de proyecto. Es, supongo yo, cuestión de hábito arbitrario, pero creo que os resultaría bien clasificar todos esos asuntos en un fichero de "proyectos" con muchas subdivisiones. Los asuntos, naturalmente, cambian, a veces con gran frecuencia. Por ejemplo, como estudiantes que preparan su examen preliminar, que escriben su tesis y que al mismo tiempo hacen sus trabajos del semestre, vuestros ficheros se dividirán en esos tres sectores de trabajo. Pero después de un año de trabajo como graduados, comenzaréis a reorganizar todo el archivo en relación con el proyecto principal de vuestra tesis. Después, al proseguir vuestro trabajo, advertiréis que no siempre lo domina un solo proyecto ni determina las categorías principales en que está ordenado. De hecho, el empleo del archivo estimula la expresión de las categorías que usáis en vuestras reflexiones. Y la manera cómo cambia esas categorías, abandonado unas y añadiendo otras, es un índice de vuestro progreso y aliento intelectual. Finalmente, los archivos habrán de ser ordenados de acuerdo con varios grandes proyectos y con muchos subproyectos que cambian de un año para otro.

Todo esto supone que hay que tomar notas. Tendréis que adquirir el hábito de tomar muchas notas de todo libro que merezca ser leído, aunque tengo que decir que no os será inútil leer libros realmente malos. El primer paso en la traducción de la experiencia, ya de los escritos de otros individuos, ya de vuestra propia vida, a la esfera intelectual, es darle forma. Simplemente el dar nombre a un renglón de la experiencia os invita a explicarlo; simplemente el tomar una nota de un libro es con frecuencia una incitación a reflexionar. Al mismo tiempo, desde luego, el tomar nota es una gran ayuda para comprender lo que estáis leyendo.

Vuestras notas pueden ser, como las mías, de dos clases: al leer ciertos libros muy importantes, tratáis de captar la estructura del razonamiento del autor, y para ello tomáis notas; pero con más frecuencia, y después de algunos años de trabajo independiente, más bien que leer libros enteros, muchas veces leeréis partes de muchos libros desde el punto de vista de algún tema o asunto particular en que estéis interesados y acerca del cual tenéis planes en vuestro archivo. Por lo tanto, tomaréis notas que no representan suficientemente los libros que leéis. Empleáis una idea particular, un dato particular, para la realización de vuestros propios proyectos.

2

¿Pero cómo se usa este archivo -que hasta quizá os parezca más bien una especie de diario "literario"- en la producción intelectual? Sólo el hecho de llevarlo es ya producción intelectual. Es un depósito de hechos y de ideas que crece sin cesar, desde las más vagas a las precisas. Por ejemplo, lo primero que hice al decidirme a estudiar las minorías fue trazar un primer esbozo basado en una lista de los tipos de personas que deseaba comprender.

Precisamente el cómo y el por qué decidí hacer ese estudio puede indicar el modo en que las experiencias vitales de uno alimentan su trabajo intelectual. He olvidado cuándo llegué a interesarme técnicamente en la "estratificación", pero creo que debe de haber sido al leer por primera vez a Veblen. Me había parecido siempre muy impreciso y hasta vago en lo que se refiere al empleo de las palabras "negocios" e "industriales", que son una especie de traducción de Marx para el público académico norteamericano. Sea como fuere, escribí un libro sobre las organizaciones obreras y sus líderes, tarea motivada políticamente, y después un libro sobre las clases medias, tarea primordialmente motivada por el deseo de articular mi propia experiencia de Nueva York desde 1945. Luego me sugirieron algunos amigos que debía hacer una trilogía escribiendo un libro sobre las clases superiores. Pensé que me sería posible; había leído de vez en cuando a Balzac, especialmente en el decenio de 1940-1950, y me había impresionado la tarea que se había impuesto a sí mismo de "describir" todas las clases y tipos importantes de la sociedad de la época que deseaba hacer suya. Yo había escrito también un trabajo sobre "La minoría de los negocios", y había recogido y ordenado estadísticas acerca de las carreras de los individuos más descollantes de la política norteamericana desde la Constitución. Ambas tareas habían sido inspiradas primordialmente por el trabajo de seminarios sobre historia de los Estados Unidos.

Al hacer esos diversos artículos y libros y al preparar los cursos sobre estratificación, quedaba, naturalmente, un residuo de ideas y hechos acerca de las clases altas. Particularmente en el estudio de la estratificación es difícil evitar el ir más allá de la finalidad inmediata de uno, porque la "realidad" de todo estrato son en gran parte sus relaciones con los otros. En consecuencia, empecé a pensar en un libro sobre la minoría o élite.

Y sin embargo, no es así "realmente" como nació "el proyecto". Lo que realmente ocurrió fue 1) que la idea y el plan salieron de mis ficheros, porque todos mis proyectos empiezan en ellos, y los libros son simplemente descansos organizados del trabajo constante empleado en ellos; 2) que al cabo de un tiempo llegó a dominarme todo el conjunto de problemas que abarca el asunto.

Después de hecho mi primer esbozo, examiné todo mi archivo, no sólo las partes de él que tenían una relación directa con el asunto, sino también las que parecían no tener con él relación ninguna. Muchas veces la imaginación es incitada con éxito reuniendo cosas hasta entonces aisladas y descubriendo entre ellas relaciones inesperadas. Abrí apartados nuevos en el archivo para este grupo particular de problemas, lo cual me llevó naturalmente a nuevas ordenaciones de sus otras partes.

Al ordenar un archivo con frecuencia le parece a uno que está dando rienda suelta a su imaginación. Esto sucede, indudablemente, mediante el intento de combinar ideas y notas diversas sobre diferentes asuntos. Es una especie de lógica combinatoria, y la "causalidad" juega a veces en ella un papel curiosamente importante. Uno se esfuerza libremente por emplear sus recursos intelectuales, tal como están representados en el archivo, en los nuevos temas.

En el presente caso, yo empecé a usar también mis observaciones y mis experiencias diarias. Pensé primeros en las experiencias que había tenido relativas a los problemas de las élites, y después hablé con quienes me parecía que los habían experimentado o habían pensado sobre ellos. De hecho, empecé entonces a modificar el carácter de mis prácticas habituales para incluir en ellas 1) a personas que figuraban entre las que yo quería estudiar, 2) a personas en estrecho contacto con ellas, y 3) a personas interesadas en ellas habitualmente de un modo profesional.

No conozco las condiciones sociales plenas de la mejor artesanía intelectual, pero es indudable que el rodearse de un círculo de personas que escuchen y hablen –y que tengan en ocasiones caracteres imaginativos– es una de ellas. En todo caso, procuré rodearme de todo el ambiente importante –social e intelectual– que yo creía que me llevaría a pensar correctamente de acuerdo con los lineamientos de mi trabajo. Este es uno de los sentidos de mis anteriores observaciones acerca de la fusión de la vida personal y la vida intelectual.

En la actualidad el buen trabajo en ciencia social no está constituido, ni en general puede estarlo, por la "investigación" empírica definida. Se compone más bien de muchos estudios que en los puntos clave formulan enunciados generales relativos a la forma y la tendencia del asunto. Así, pues, no puede adoptarse una decisión sobre cuáles sean esos puntos hasta que se reelaboren los materiales existentes y se formulen enunciados hipotéticos generales.

Ahora bien, entre los "materiales existentes" encontré en los archivos tres tipos importantes para mi estudio de la minoría: varias teorías relacionadas con el asunto, materiales ya elaborados por otros como pruebas de aquellas teorías, y materiales ya reunidos y en fases diversas de centralización asequible pero no hechos aun teóricamente importantes. Únicamente después de haber terminado un primer esbozo de una teoría con ayuda de esos materiales existentes puedo situar eficazmente mis propias aseveraciones centrales e impulsar y proyectar investigaciones para probarlas, y quizá no tenga que hacerlo, aunque sé, naturalmente, que más tarde tendré que ir y venir una y otra vez de los materiales existentes a mi propia investigación. Toda formulación final no sólo debe "cubrir los datos" en la medida en que los datos están disponibles y me son conocidos, sino que también debe tomar en cuenta, de alguna manera, positiva o negativamente, las teorías de que dispone. En ocasiones este "tomar en cuenta" una idea se hace fácil por la simple confrontación de la idea con el hecho que la contradice o la apoya; en ocasiones se hace necesario un análisis o una delimitación detallados. A veces puedo ordenar sistemáticamente las teorías disponibles como un margen donde elegir, y dejar que su alcance organice el problema mismo[61]. Pero otras veces sólo permito a esas teorías entrar en mi propia ordenación, en contextos muy diferentes. De cualquier modo, en el libro sobre la élite tuve que tomar en cuenta las obras de hombres como Mosca, Schumpeter, Veblen, Marx, Lasswell, Michel, Weber y Pareto.

Al mirar algunas notas sobre esos autores, encuentro que ofrecen tres tipos de enunciados: a) de unos aprendemos directamente, reenunciando sistemáticamente lo que dicen sobre puntos dados o en conjunto; b) otros los aceptamos o rechazamos, dando razones y argumentos; c) y otros los usamos como fuentes de sugestiones para nuestras propias elaboraciones y proyectos. Esto supone comprender un punto y preguntarse después: ¿cómo puedo dar a esto forma demostrable, y cómo puedo demostrarlo? ¿Cómo puedo usarlo como centro de trabajo, como perspectiva de la cual emerjan con sentido detalles descriptivos? En esta manipulación de ideas existentes es, naturalmente, donde uno advierte su continuidad en relación con el trabajo anterior. He aquí dos extractos de notas preliminares sobre Mosca que pueden ilustrar lo que estoy tratando de exponer:

Además de sus anécdotas históricas, Mosca respalda sus tesis con esta afirmación: "es la fuerza de la organización la que permite siempre a la minoría dominar". Hay minorías organizadas que gobiernan las cosas y a los hombres. Hay mayorías desorganizadas que son gobernadas[62]. Pero por qué no examinar 1) la minoría

---

[61] Véase, por ejemplo, Mills, White Collar, Oxford University Press, 1951, capítulo 13. Hice lo mismo, en mis notas, con Lederer Y Gasset versus "teóricos de la élite" como dos reacciones contra la doctrina democrática de los siglos XVIII y XIX.

[62] También hay en Mosca aseveraciones acerca de leyes psicológicas que supone apoyan su opinión. Adviértase su uso de la palabra "natural". Pero esto no es fundamental y además no merece ser tenido en cuenta.

organizada, 2) la mayoría organizada, 3) la minoría desorganizada, 4) la mayoría desorganizada. Esto merece una exploración en gran escala. Lo primero que hay que aclarar: ¿cuál es precisamente la significación de "organizada"? Creo que Mosca quiere decir: capaz de conductas u acciones más o menos continuadas y coordinadas. Si es así, su tesis es correcta por definición. También podría decir, creo yo, que una "mayoría organizada" es imposible, porque equivaldría a que estuviesen a la cabeza de esas organizaciones mayoritarias jefes nuevos, minorías nuevas, y están plenamente decididos a sacar esos jefes de sus "clases gobernantes". Los llama "minorías directores", todo lo cual es bastante flojo al lado de su gran afirmación.

Una cosa que se me ocurre (creo que es el núcleo de los problemas de definición que Mosca nos presenta) es ésta: del siglo XIX al XX hemos presenciado el paso de una sociedad organizada como 1) y 4) a una sociedad más de acuerdo con 3) y 2). Hemos pasado de un Estado minoritario a un Estado de organización, en el que la minoría ya no está tan organizada ni es tan unilateralmente poderosa, y la masa está más organizada y es más poderosa. Ha surgido en las calles cierto poder, y en torno de él han girado las estructuras sociales en su conjunto y sus élites. ¿Y qué sector de la clase gobernante está más organizado que el bloque agrario? No es esta una pregunta retórica: puedo contestarla de un modo o de otro en este tiempo, es cuestión de grado. Todo lo que ahora quiero es sacarla al aire libre.

Mosca señala un punto que me parece excelente y digno de ulterior elaboración: según él, muchas veces hay en "la clase gobernante", una camarilla cimera y un segundo estrato más amplio con el que a) la cumbre está en continuo e inmediato contacto, y con el que b) comparte sus ideas y sentimientos y, cree él, la política (pág. 430). Buscar y ver si en otras partes del libro señala otros puntos de conexión. ¿Se recluta en gran proporción la camarilla en el segundo nivel? ¿Es la cumbre responsable en cierto modo ante este segundo estrato, o por lo menos tiene para él alguna consideración?

Olvidemos ahora a Mosca: en otro vocabulario tenemos a) la minoría, por la cual se entiende la camarilla de la cumbre, b) los que cuentan, y c) todos los demás. La pertenencia a los grupos segundo y tercero es definida por el primero, y el segundo puede variar mucho en tamaño y composición y por sus relaciones con el primero y el tercero. (¿Cuál es, de paso, el margen de variación de las relaciones de b) con a) y con c)? Buscar indicaciones en Mosca y extender esto después estudiándolo sistemáticamente).

Este esquema puede permitirme tomar más claramente en cuenta las diferentes minorías, que son minorías según las diversas dimensiones de la estratificación. Recoger también, naturalmente, de una manera clara la distinción paretiana de minorías gobernantes y no gobernantes de modo menos formal que Pareto. Indudablemente, muchas personas que están en el sector más alto debieran estar en el segundo por lo menos, como los grandes ricos. La camarilla y la minoría pueden serlo del poder o de la autoridad, según los casos. En este vocabulario, minoría significa siempre la del poder. Las demás personas del sector elevado serían las clases altas o los círculos superiores.

Así quizá podremos al mismo tiempo usar esto en conexión con dos grandes problemas: la estructura de la minoría, y las relaciones conceptuales –después quizá las esenciales– entre las teorías de la estratificación y de la minoría. (Trabajar esto).

Desde el punto de vista del poder, es más fácil distinguir los que cuentan que los que gobiernan. Cuando tratamos de hacer lo primero, seleccionamos los niveles superiores como una especie de agregado poco compacto y nos guiamos por la posición. Pero cuando intentamos lo segundo, debemos indicar claramente y en detalle cómo manejan el poder y cómo se relacionan con los instrumentos sociales a través de los cuales se ejerce el poder. También tratamos más con personas que con posiciones, o por lo menos, las tomamos en cuenta.

Ahora bien, en los Estados Unidos el poder comprende más de una minoría. ¿Cómo podemos juzgar las posiciones relativas de esas diferentes minorías? Depende de las decisiones que se adopten. Una minoría ve a otra como formando parte de los que cuentan. Hay entre las élites este mutuo reconocimiento: que las demás élites cuentan. De un modo o de otro, son gentes importantes las unas para las otras. Proyecto: seleccionar 3 o 4 decisiones clave del último decenio –el lanzamiento de la bomba atómica, la disminución o el aumento de la producción de acero, la huelga de la G.M. en 1945- y estudiar en detalle el personal que intervino en cada una de ellas. Usar las "decisiones" y su adopción como pretexto de entrevista cuando salga en busca de contenido.

3

Llega un momento en el curso de vuestro trabajo en que ya no tenéis nada que ver con otros libros. Todo lo que necesitáis de ellos está en vuestras notas y resúmenes; y en los márgenes de esas notas, así como en un fichero independiente, están las ideas para estudios empíricos.

Pero no me gusta hacer trabajo empírico si me es posible evitarlo. Si no se dispone de personal, son muchas las molestias; y si uno emplea personal, las molestias son con frecuencia mayores aún.

En la situación intelectual de las ciencias sociales en la actualidad, hay tanto que hacer a modo de "estructuración" (permítaseme esta palabra para designar el tipo de trabajo a que me refiero) inicial, que buena parte de la "investigación empírica" está condenada a ser ligera y poco interesante. Gran parte de ella, en efecto, es un ejercicio formal para estudiantes noveles, y a veces ocupación útil para quienes no son capaces de manejar los problemas esenciales, más difíciles, de la ciencia social. No hay más virtud en la investigación empírica como tal que en la lectura como tal. La finalidad de la investigación empírica es resolver desacuerdos y dudas acerca de hechos, haciendo así más fructíferos los razonamientos basando todos sus lados más sólidamente. Los hechos disciplinan la razón; pero la razón es la avanzada en todo campo de saber.

Aunque no podáis conseguir nunca el dinero para hacer muchos de los estudios empíricos que proyectáis, es necesario que sigáis proyectándolos. Porque una vez que hayáis proyectado un estudio empírico, aun cuando no podáis llevarlo a término, os obliga a una nueva busca de datos, que en ocasiones resulta tener inesperada importancia para vuestros problemas. Así como no tiene sentido proyectar un estudio de campo si puede encontrarse la solución en una biblioteca, no tiene sentido creer que habéis agotado los libros antes de haberlos traducido en estudios empíricos apropiados, lo cual quiere decir simplemente en cuestiones de hecho.

Los proyectos empíricos necesarios para mi género de trabajo han de prometer, primero, tener importancia para el primer esbozo de que he hablado más arriba; tienen que confirmarlo en su forma original y tiene que motivar su modificación. O, para decirlo en términos más pretenciosos, deben ofrecer incitaciones para construcciones teóricas. En segundo lugar, los proyectos deben ser eficaces y claros y, si es posible, ingeniosos. Quiero decir con esto que deben prometer rendir gran cantidad de materiales en proporción con el tiempo y el esfuerzo que suponen.

Pero, ¿cómo ha de hacerse esto? La manera más económica de plantear un problema es hacerlo de modo que permita resolver la mayor parte posible de él por el razonamiento sólo. Por el razonamiento tratamos de a) aislar cada cuestión de hecho que aún queda; y b) resolver esas cuestiones de hecho de tal manera que las soluciones prometan ayudarnos a resolver nuevos problemas con nuevos razonamientos.[63]

Para comprender los problemas de este modo, tenéis que prestar atención a cuatro etapas; pero en general es preferible recorrer las cuatro muchas veces que atascarse en cualquiera de ellas demasiado tiempo. Las etapas son: 1) los elementos y definiciones que, por vuestro conocimiento general del tema, cuestión o campo de interés, pensáis que vais a tener que tomar en cuenta; 2)

---

[63] Quizá debiera yo decir las mismas cosas en un lenguaje más pretencioso, a fin de hacer evidente a quienes no lo saben, lo importante que puede ser todo esto, a saber: Las situaciones problemáticas deben ser formuladas con la debida atención a sus implicaciones teóricas y conceptuales, así como a los paradigmas apropiados de investigación empírica y los adecuados modelos de verificación. A su vez, esos paradigmas y modelos deben estructurarse de manera que permitan que de su empleo se deduzcan nuevas implicaciones teóricas y conceptuales. Las implicaciones teóricas y conceptuales de las situaciones problemáticas deben ser primero completamente exploradas. El hacerlo exige del investigador social que especifique cada una de esas implicaciones y las examine en relación unas con otras, pero también de tal manera que encaje en los paradigmas de investigación empírica y en los modelos de verificación.

las relaciones lógicas entre esas definiciones y elementos; la construcción de esos pequeños modelos preliminares, dicho sea de paso, ofrece la mejor oportunidad para el despliegue de la imaginación sociológica; 3) la eliminación de opiniones falsas debidos a omisiones de elementos necesarios, a definiciones impropias o confusas de los términos o a conceder indebida importancia a alguna parte del asunto y a sus prolongaciones lógicas; 4) formulación y re-formulación de las cuestiones de hecho que queden.

El tercer paso, por cierto, es parte muy necesaria, pero con frecuencia descuidada, de toda formulación adecuada de un problema –el problema como dificultad y como inquietud- debe ser cuidadosamente tomado en cuenta, porque eso es parte del problema. Las formulaciones sabias, naturalmente, deben ser cuidadosamente examinadas y empleadas en la re-formulación que se está haciendo, o deben excluirse.

Antes de decidir acerca de los estudios empíricos necesarios para la tarea que tengo ante mí, empiezo a esbozar un proyecto más amplio dentro del cual comienzan a surgir varios estudios en pequeña escala.

Otra vez recurro a los archivos:

Aún no estoy en situación de estudiar los altos círculos en conjunto de un modo sistemático y empírico. Así, lo que hago es formular algunas definiciones y procedimientos que forman una especie de apoyo ideal de dicho estudio. Después puedo intentar, primero, *recoger* materiales existentes que se aproximen a ese proyecto; *segundo*, pensar en los modos convenientes de recoger materiales, dados los índices existentes, que los satisfagan en puntos fundamentales; y tercero, al avanzar, especificar más las investigaciones empíricas en gran escala que al fin serán necesarias.

Los altos círculos deben, desde luego ser definidos sistemáticamente en relación con variables específicas. Formalmente –y esto es más o menos en modo de Pareto– hay las personas que "tienen" casi todo lo que puede tenerse de cualquier valor o tabla de valores dada. Tengo, pues, que decidir dos cosas: ¿qué variables tomaré como criterios, y que quiero decir con "casi todo"? Después de decidir acerca de las variables, debo formular los mejores índices que pueda, a ser posible, índices cuantificables, a fin de distribuir la población de acuerdo con ellos. Sólo entonces puedo empezar a decidir lo que entiendo por "casi todo". Pues quedaría en parte, para determinarlo por la inspección empírica de las diferentes distribuciones y sus traslapos o imbricaciones.

Mis variables clave serían, a lo primero, suficientemente generales para permitirme alguna latitud en la elección de índice, pero suficientemente específicas para invitar a la busca de índices empíricos.

Al avanzar en mi trabajo, tendré que moverme entre concepciones e índices, guiado por el deseo de no perder significaciones propuestas y ser, sin embargo, totalmente específico acerca de ellas. He aquí las cuatro variables weberianas con que empezaré.

  I. Clase, con referencia a la fuente y cuantía del ingreso. Necesitaré, pues, distribuciones de la propiedad y distribuciones del ingreso. El material ideal (muy escaso y desgraciadamente sin fechas) es aquí una tabulación transversal de la fuente y la cuantía del ingreso anual. Así, sabemos que el "X" por ciento de la población recibió en 1936 "Y" millones o más, y que el "Z" por ciento de todo ese dinero procedía de la propiedad, el "W" por ciento de ganancias de empresas de negocios, y el "Q" por ciento de sueldos y salarios. De acuerdo con esta dimensión de la clase, pudo definir los altos círculos –los que tienen lo más– ya como los que reciben cuantías dadas de ingresos durante un tiempo dado, o como los que forman el dos por ciento más elevado de la pirámide del ingreso. Examinar los informes de hacienda y las listas de grandes contribuyentes. Ver si pueden ponerse al día las tablas de TNEC sobre fuente y cuantía del ingreso.

II. Posición, con referencia a la suma de deferencias recibidas. Para esto no hay índices simples ni cuantificables. Los índices existentes requieren para su aplicación entrevistas personales, se limitan hasta ahora a estudios de comunidades locales y en su mayor parte no son de ningún modo buenos. Hay además el problema de que, a diferencia de la clase, la posición implica relaciones sociales: por lo menos uno que reciba y otro que otorgue la deferencia.

Es fácil confundir la publicidad con la deferencia, o más bien no sabemos aún si el volumen de publicidad debe usarse o no como un indicio de la posición social, aunque es sumamente fácil disponer de ella. (Por ejemplo: en uno o dos días sucesivos de mediados de marzo de 1952 fueron mencionadas por su nombre las siguientes categorías de personas en el New York Times, o en páginas selectas. Acabar esto).

III. Poder, referido a la realización de la voluntad propia, aunque otras se le opongan. Como la posición, esto no ha sido bien recogido en índices. No creo que pueda considerarlo en una sola dimensión, sino que tendré que hablar a) de autoridad formal, definida por facultades y derechos de posiciones en diferentes instituciones, especialmente, militares, políticas y económicas, b) poderes que se sabe se ejercen informalmente pero no formalmente instituidos: líderes de grupos de presión o influencia, propagandistas con amplios medios a su disposición, y así sucesivamente.

IV. Ocupación, referida a actividades pagadas. También aquí tengo que decidir qué características de la ocupación debo tomar en cuenta. a) Si uso los ingresos medios de diferentes ocupaciones para jerarquizarlas, estoy usando, naturalmente, la ocupación como índice de clase y como la base de ésta. Del mismo modo: b), si uso la posición o el poder típicamente inherentes a diferentes ocupaciones, uso las ocupaciones como índices y bases de poder, habilidad o talento. Pero éste de ningún modo es un modo fácil de clasificar a la gente. La habilidad o destreza no es, al igual que la posición una cosa homogénea de la que hay más o menos. Los intentos de tratarla como tal se han hecho por lo común en relación con el tiempo necesario para adquirir diversas habilidades, y quizá habrá de hacerlo así, aunque espero encontrar algo mejor.

Esos son los tipos de problemas que tendré que resolver para definir analítica y empíricamente los círculos superiores, en relación con esas cuatro variables clave. Para los fines de mi proyecto, supongo que los he resuelto a mi satisfacción y que he distribuido la población de acuerdo con cada una de ellas. Tendré entonces cuatro grupos de personas: las que están en la cumbre en clase, posición, poder y destreza. Supóngase además que he seleccionado el dos por ciento más alto de cada distribución como el círculo más alto. Después me formulo esta pregunta empíricamente contestable: ¿qué grado de traslapo hay, si es que hay alguno, entre esas distribuciones? Un margen de posibilidades puede localizarse en este sencillo cuadro (+=dos por ciento de la cumbre; -=98 por ciento inferior):

			Clase			
			+		-	
			Posición		Posición	
			+	-	+	-
	+ Destreza	+	+1	2	3	4
Poder		-	-5	6	7	8
	- Destreza	+	+9	10	11	12
		-	-13	14	15	16

Este cuadro, si tuviera yo materiales para llenarlo, contendría datos fundamentales y muchos problemas importantes para un estudio de los altos círculos. Suministraría claves para muchas cuestiones definitorias y esenciales.

No tengo los datos, ni posibilidades de tenerlos, lo cual da mayor importancia a mis especulaciones sobre el asunto, porque en el curso de esas reflexiones, si van guiadas por el deseo de aproximarse a los requisitos empíricos de un proyecto ideal, llegaré a zonas importantes en las cuales puedo conseguir materiales interesantes como hitos y guías para la reflexión subsiguiente.

Hay dos puntos adicionales que debo añadir a este modelo general para hacerlo formalmente completo. Las concepciones plenas de los estratos superiores exigen atención a la duración y a la movilidad. La tarea consiste aquí en determinar posiciones (1-16) entre las cuales haya un movimiento típico de individuos y grupos, dentro de la generación actual y entre las dos o tres generaciones últimas.

Esto introduce la dimensión temporal de la biografía (o de la carrera) y de la historia en el proyecto. No son éstas meras cuestiones empíricas nuevas; son también definitoriamente importantes. Porque a) queremos dejar resuelto si al clasificar las gentes en relación con cualquiera de nuestras variables clave, definiremos o no nuestras categorías en relación con el tiempo durante el cual ellas o sus familias han ocupado la posición de que se trate. Por ejemplo, puedo querer decir que el dos por ciento más alto en cuanto a posición –o por lo menos de un tipo importante de jerarquía por la posición- está formado por los que lo ocupan por lo menos durante dos generaciones. Además b) quiero dejar resuelto si constituiré o no "un estrato" no sólo en relación con una intersección de diferentes variables, sino también de acuerdo con la olvidada definición que dio Weber de "clase social" como formada por las posiciones entre las cuales hay una "movilidad típica y fácil". Así, las ocupaciones burocráticas inferiores y los trabajos de los asalariados medios y altos de ciertas industrias parecen formar, en este sentido, un estrato.

En el curso de la lectura y el análisis de las teorías de otros y mientras proyectáis una investigación ideal y escudriñáis los ficheros, empezaréis a redactar una lista de estudios específicos. Algunos de ellos son demasiado grandes para dominarlos, y con el tiempo tienen que ser penosamente abandonados; otros terminarán sirviendo como materiales para un párrafo, una sección, una frase o un capítulo; otros se convertirán en temas expansivos que se entretejen en todo el contenido de un libro. He aquí, una vez más, algunas notas para varios proyectos de ésos:

1) Empleo del tiempo en un día típico de trabajo de diez altos ejecutivos de grandes empresas, y lo mismo de diez individuos del gobierno federal.

Estas observaciones se combinarán con entrevistas detalladas sobre las vidas de dichos individuos. El objeto aquí es describir las ocupaciones y las decisiones importantes, en parte al menos de acuerdo con el tiempo que se les dedica, y conocer los factores que intervienen en las decisiones adoptadas. El procedimiento variará, naturalmente con el grado de cooperación conseguida, pero idealmente comprenderá, primero, una entrevista en que la vida pasada y la situación actual del individuo se expresen claramente; segundo, observaciones del día, sentándose en un rincón de la oficina del individuo y siguiéndole en cuanto hace; tercero, una entrevista un poco extensa, aquella noche o al día siguiente, sobre las ocupaciones de todo el día y que sondee los procesos subjetivos implicados en la conducta externa que hemos observado.

2) Un análisis de los fines de semana de la clase alta, en que se observan detalladamente las ocupaciones habituales y las sigan entrevistas de sondeo con el individuo y otros miembros de la familia, el lunes siguiente.

Para estas dos tareas tengo relaciones bastante buenas y, naturalmente, las buenas relaciones, si se manejan adecuadamente, llevan a otras mejores. (añadido en 1957: esto resultó ser una ilusión).

3) Estudio de la cuenta de gastos y otros privilegios que, con los sueldos y otros ingresos forman el nivel y el estilo de vida de los estratos superiores. La idea es aquí conseguir algo concreto sobre "la burocratización del consumo", la transferencia de los gastos privados a las cuentas de los negocios.

4) Poner a la fecha el tipo de información contenida en libros como America's Sixto Families de Lundberg, cuyos datos sobre pago de impuestos son de 1923.
5) Recoger y sistematizar, de los informes de Hacienda y de otras fuentes gubernativas, la distribución de diversos tipos de propiedad privada por las cantidades poseídas.
6) Estudios de la carrera de los presidentes, de todos los miembros del gabinete y de todos los de la Suprema Corte. Esto le he hecho ya en tarjetas IBM del periodo constitucional del segundo mandato de Truman, pero deseo ampliar los renglones empleados y analizarlos de nuevo.

Hay otros –unos 35- proyectos de este tipo (por ejemplo, una comparación de las cantidades de dinero gastadas en las elecciones presidenciales de 1896 y 1952, una comparación detallada de Morgan en 1910 y de Kaiser en 1950, y algo concreto sobre las carreras de "Almirantes y Generales"). Pero, al avanzar en el trabajo, uno tiene, naturalmente, que acomodar sus propósitos a lo que es posible.

Después de redactados estos proyectos, empecé a leer obras históricas sobre los grupos superiores, tomando notas sin orden (y sin organizarlas en fichero) e interpretando lo que leía. En realidad, no tenéis que estudiar un asunto sobre el cual estáis trabajando, porque, como he dicho, una vez que os hayáis metido en él, está en todas partes. Sois susceptibles a sus temas, los veis y los oís por dondequiera en vuestra experiencia, especialmente, me parece siempre a mí, en campos que aparentemente no tienen ninguna relación con él. Hasta los medios de masas, muy en particular las malas películas, las novelas baratas, los grabados de las revistas y la radio nocturna adquieren para vosotros nueva importancia.

4

Pero ¿cuándo vienen las ideas?, preguntaréis. ¿Cómo se espolea la imaginación para reunir todas las imágenes y todos los hechos, para formar imágenes significativas y dar sentido a los hechos? No creo que realmente pueda responder a eso; todo lo que puedo hacer es hablar de las condiciones generales y de algunas técnicas sencillas que parecen haber aumentado mis posibilidades de revelar algo.

Os recuerdo que la imaginación sociológica consiste, en una parte considerable, en la capacidad de pasar de una perspectiva a otra y en el proceso de formar una opinión adecuada de una sociedad total y de sus componentes. Es esa imaginación, naturalmente, lo que separa al investigador social del mero técnico. En unos cuantos años pueden prepararse técnicos satisfactorios. También puede cultivarse la imaginación sociológica; ciertamente, se presenta pocas veces sin una gran cantidad de trabajo con frecuencia rutinario[64]. Pero posee una cualidad inesperada, quizá porque su ausencia es la combinación de ideas que nadie esperaba que pudieran combinarse –una mezcla de ideas de la filosofía alemana y de la economía inglesa, pongamos por caso-. Detrás de tal combinación hay un juego mental y un impulso verdaderamente decidido para dar sentido al mundo, de la cual suele carecer el técnico como tal. Quizá el técnico está demasiado bien preparado,

---

[64] Véanse los excelentes artículos de Hutchinson sobre "penetración" y "esfuerzo creador" en Study of Interpersonal Relations, editado por Patrick Mullahy, Nelso, Nueva York, 1949

precisamente demasiado preparado. Como uno puede ser preparado sólo en lo que ya es conocido, muchas veces la preparación lo incapacita para aprender modos nuevos, y lo hace rebelde contra lo que no puede menos de ser vago y aun desmañado al principio. Pero debéis aferraros a esas imágenes y nociones vagas, si son vuestras, y debéis elaborarlas. Porque en esas formas es como aparecen casi siempre al principio las ideas originales, si las hay.

Hay modos definidos, creo yo, de estimular la imaginación sociológica:

1) En el plano más concreto, la re-ordenación del fichero es, como ya he dicho, un modo de incitar a la imaginación. Simplemente, vaciáis de golpe carpetas hasta entonces desconectada, mezcláis sus contenidos y después los clasificáis de nuevo. Procurad hacerlo de un modo más o menos descansado. La frecuencia y la extensión en que re-organicéis los ficheros variarán, naturalmente, con los diferentes problemas y con el modo como se vayan desarrollando. Pero la mecánica de la operación es siempre igualmente sencilla. Tendréis presentes, desde luego, los diferentes problemas en que estáis trabajando activamente, pero procuraréis también ser pasivamente receptivos para las relaciones imprevistas y no planeadas.

2) Una actitud de juego hacia las frases y las palabras con que se definen diversas cuestiones a menudo libera la imaginación. Buscad sinónimos de cada una de vuestras palabras clave en diccionarios y en libros técnicos, para conocer toda la extensión de sus acepciones. Esta sencilla costumbre os incitará a elaborar los términos de problema y, en consecuencia, a definirlos con menos palabrería y

con más precisión. Pero sólo si conocéis los diversos sentidos que pueden darse a las palabras o a las frases podréis seleccionar los exactos con que deseáis trabajar. En todo trabajo, pero especialmente en el examen de enunciados teóricos, procuraréis vigilar estrechamente el grado de generalidad de cada palabra clave, y con frecuencia encontraréis útil descomponer un enunciado muy general en sentidos más concretos. Cuando se hace eso, el enunciado se descompone frecuentemente en dos o tres componentes, cada uno de los cuales corresponde a una dimensión diferente. Procuraréis, asimismo, elevar el grado de generalidad: suprimid los calificativos específicos y examinad el enunciado o la inferencia modificados de un modo más abstracto, para ver si podéis extenderlo o elaborarlo. Así, procuraréis sondear desde arriba y desde abajo, en busca de un sentido más claro, en cada uno de los aspectos y de las implicaciones de la idea.

3) Muchas de las nociones generales que encontraréis se convertirán en tipos al pensar en ellas. Una clasificación nueva es el comienzo habitual de desarrollos fructíferos. La habilidad de formular tipos y buscar después las condiciones y consecuencias de cada uno de ellos se convertirá, en resumidas cuentas, en un procedimiento automático. Más bien que contentarse con las clasificaciones existentes, en particular con las de sentido común, buscaréis sus comunes denominadores y los factores diferenciales que hay en cada una y entre todas ellas. Los tipos bien formulados requieren que los criterios de clasificación sean explícitos y

sistemáticos. Para hacerlos así, debéis adquirir la costumbre de la clasificación transversal.

La técnica de la clasificación transversal no se limita, naturalmente, a materiales cuantitativos; en realidad, es el mejor modo de imaginar y captar nuevos tipos, así como de criticar y aclarar los antiguos. Los cuadros, las tablas y los diagramas de género cualitativo no son sólo modos de presentar trabajo ya hecho; con mucha frecuencia, son verdaderos instrumentos de producción. Aclaran las "dimensiones" de los tipos que ayudan también a imaginar y formar. De hecho, en los quince últimos años no creo haber escrito más de una docena de páginas sin una pequeña clasificación transversal, aunque, desde luego, no siempre, ni siquiera habitualmente, presente tales diagramas. La mayor parte de ellos se malogran, caso en el cual aún saldréis ganando algo. Ellos os permiten descubrir el alcance y las relaciones de los mismos términos con que estáis pensando y de los hechos con que estáis tratando.

Para un sociólogo activo, la clasificación transversal es lo que para un gramático diligente esquematizar una oración. En muchos sentidos, la clasificación transversal es la verdadera gramática de la imaginación sociológica. Como toda gramática, debe ser controlada y no hay que dejarla salirse de sus objetivos propios.

4) Con frecuencia conseguiréis una mayor penetración pensando en los extremos: pensando en lo opuesto a aquello en que estáis directamente interesados. Si pensáis en la desesperación, pensad también en la alegría; si estudiáis el avaro, estudiad también el pródigo. Lo más

difícil del mundo es estudiar un solo objeto; cuando comparáis objetos, tenéis un conocimiento mejor de los materiales y después podéis escoger las dimensiones en relación con las cuales se hacen las comparaciones. Advertiréis, que es muy instructivo el ir y venir de la atención entre esas dimensiones y los tipos concretos. Esta técnica es también lógicamente sólida, porque sin una muestra sólo podéis conjeturar acerca de frecuencias estadísticas a salga lo que saliere: lo que podéis hacer es dar el alcance y los tipos principales de un fenómeno, y para eso es más económico empezar por formular "tipos polares", opuestos en diferentes dimensiones. Esto no quiere decir, naturalmente, que no os esforcéis por adquirir y conservar un sentido de la proporción: el buscarlo conduce a las frecuencias de los tipos dados.

En realidad, uno trata constantemente de combinar esa busca con la de índices para los cuales pueda encontrar o reunir estadísticas.

La idea es usar puntos de vista diferentes: por ejemplo, os preguntaréis cómo enfoca esto un tratadista de ciencia política que acabáis de leer, o cómo lo enfocan aquel psicólogo e historiador. Procuraréis pensar de acuerdo con puntos de vista diversos, y de este modo vuestra mente se convierte en un prisma en movimiento que capta luz de todas las direcciones posibles. A este respecto, muchas veces resulta útil escribir diálogos.

Con gran frecuencia os sorprenderéis pensando contra algo, y al tratar de comprender un nuevo campo intelectual, una de las primeras cosas que podéis hacer es formular los argumentos principales. Una de las cosas que quiere decir "estar empapado en literatura" es ser capaz de localizar a los opositores y a los partidarios de cada uno de los puntos de vista. Diré de pasada que no es bueno estar demasiado "empapado de literatura"; podéis ahogaros en ella, como Mortimer Adler. Quizá la cuestión está en saber cuándo debéis leer y cuándo no.

5) El hecho de que, por amor a la sencillez, en la clasificación transversal, trabajéis al principio en términos de si-o-no, os estimula a pensar en extremos contrarios. Eso, en general, es bueno, porque el análisis cualitativo no puede, naturalmente, proporcionaros frecuencias ni magnitudes. Su técnica y su objeto es daros el alcance de los tipos. Para muchas cosas no necesitáis más que ése, aunque para otras, naturalmente, necesitáis adquirir una idea más precisa de las proporciones implícitas.

La liberación de la imaginación puede conseguirse a veces invirtiendo deliberadamente el sentido de la proporción[65]. Si una cosa parece muy diminuta, imaginadla simplemente enorme, y preguntaos: ¿en qué puede importar eso? Y al contrario con los fenómenos gigantescos. ¿Qué parecerían aldeas analfabetas con una población de 30 millones de habitantes? Actualmente por lo menos, yo nunca pienso en contar o medir realmente algo, antes de haber jugado con cada uno de sus elementos, condiciones y consecuencias

---

[65] Dicho sea de pasada, algo de esto es lo que, estudiando a Nietzsche, ha llamado Kenneth Burke "perspectiva por incongruencia". Véase sin falta Burke, Permanence and Change, New Republic Books, Nueva York, 1936

en un mundo imaginado en el que controla la escala de todas las cosas. Esta es una de las cosas que los estadísticos deben querer decir, pero nunca parece así, con la frase de "conocer el universo antes de tomar muestras de él".

6) Sea cualquiera el problema en que estéis interesados, hallaréis útil tratar de obtener una impresión comparativa de los materiales. La busca de casos comparables, ya en una civilización y período histórico, ya en varios, os proporciona orientaciones. No pensaréis nunca en descubrir una institución del siglo XX sin procurar tener presente instituciones similares de otros tipos de estructuras y de épocas. Y ello es así aun cuando no os propongáis hacer comparaciones explícitas. Con el tiempo llegaréis a orientar casi de un modo automático vuestro pensamiento históricamente. Una de las razones para hacerlo así es que con frecuencia lo que estáis examinando es limitado en número: para tener una impresión comparativa de ello, tenéis que situarlo dentro de una estructura histórica. Para decirlo de otro modo, el enfoque por contraste requiere con frecuencia del examen de materiales históricos. Esto tiene a veces consecuencias útiles para el análisis de una tendencia o conduce a una tipología de fases. Usaréis, pues, materiales históricos, por el deseo de dar un alcance mayor o un alcance más conveniente a algún fenómeno, por cual entiendo un alcance que comprenda las variaciones en un conjunto conocido de dimensiones. Al sociólogo le es indispensable algún conocimiento de la historia universal. Sin ese conocimiento está sencillamente mutilado, por muchas otras cosas que sepa.

7) Finalmente, hay un punto que tiene más relación con el oficio de componer un libro que con la liberación de la imaginación. Pero ambas cosas muchas veces no son más que una: cómo debéis ordenar los materiales para que su presentación afecte siempre al contenido de vuestra obra. La idea que tengo presente la aprendí de un gran editor, Lambert Davis, quien supongo que después de haber visto lo que hice con ella, no querrá reconocerla como hija suya. Es la diferencia entre tema y asunto.

Un asunto es una materia, como "las carreras de los ejecutivos de empresas", o "el poder creciente de los oficiales militares", o "la decadencia de las matronas de sociedad". Por lo general, la mayor parte de lo que hay que decir acerca de un asunto puede encerrarse fácilmente en un solo capítulo o en una sección de un capítulo. Pero el orden en que están dispuestos todos vuestros asuntos os lleva muchas veces al campo de los temas.

Un tema es una idea, por lo general de una tendencia señalada, de alguna concepción importante, o de una distinción clave, como la de racionalidad y razón, por ejemplo: al trabajar en la ordenación de un libro, cuando lleguéis a haceros cargo de los dos o los tres, o, como puede ocurrir, de los seis o siete temas, sabréis que estáis en la cima de vuestra tarea. Reconoceréis esos temas porque los encontraréis en toda clase de asuntos y quizá lleguen a parecernos meras repeticiones. ¡Y muchas veces eso es todo lo que son! Ciertamente, con gran frecuencia se encontrará en las secciones de vuestro manuscrito más confusas y peor escritas.

Lo que debéis hacer es seleccionarlos y enunciarlos de un modo general tan clara y brevemente como os sea posible. Después, de manera absolutamente sistemática, debéis clasificarlos de acuerdo con todo el alcance de vuestros asuntos. Esto significa que os preguntaréis acerca de cada asunto: ¿cómo es afectado exactamente por cada uno de estos temas? Y también: ¿cuál es exactamente el significado, si es que tienen alguno, de cada uno de estos temas de cada uno de los asuntos?

En ocasiones un tema requiere un capítulo o una sección para él solo, quizá cuando se le presente por primera vez o quizá en un resumen hacia el final del libro. En general, creo que la mayor parte de los escritores –así como la mayor parte de los pensadores sistemáticos– estarán de acuerdo en que en algún punto todos los temas deben aparecer reunidos, en relación los unos con los otros. Frecuentemente, aunque no siempre, es posible hacerlo al principio de un libro. Usualmente, en todo libro bien compuesto, debe hacerse cerca del final. Y, desde luego, durante todo el libro uno debe por lo menos procurar relacionar los temas en cada asunto. Es más fácil escribir sobre esto, que hacerlo, porque no suele ser una cuestión tan mecánica como pueda parecer. Pero en ocasiones lo es, por lo menos si los temas están propiamente escogidos y esclarecidos. Pero eso es precisamente lo difícil. Porque lo que yo he llamado aquí, en el contexto de la artesanía literaria, temas, en el contexto del trabajo intelectual se llaman ideas.

Algunas veces, entre paréntesis, podéis advertir que un libro en realidad no tiene temas. Es una ristra de asuntos, rodeada, naturalmente, de introducciones metodológicas a la metodología y de introducciones teóricas a la teoría. Esas son, ciertamente, cosas indispensables para la redacción de libros por hombres sin ideas. Y de ahí resulta la falta de inteligibilidad.

5

Yo sé que estaréis de acuerdo en presentar vuestro trabajo en un lenguaje tan sencillo y claro como lo permitan el asunto y vuestras ideas acerca de él. Pero como podéis haber advertido, en las ciencias sociales parece prevalecer una prosa ampulosa y palabrera. Supongo que los que la emplean creen que imitan a la "ciencia física", e ignoran que gran parte de aquella prosa no es necesaria en absoluto. En efecto, se ha dicho con autoridad que hay "una crisis grave de la capacidad de escribir", crisis en la que participan muchísimo los investigadores sociales [66]. ¿Débese ese peculiar lenguaje a que se discutan cuestiones, conceptos, métodos profundos y sutiles? Si no, ¿cuáles son, pues, las razones de lo que Malcolm Cowley llamó acertadamente "jerigonza"?[67] ¿Es

---

[66] Lo ha dicho Edmund Wilson, considerado en general como el "mejor crítico de habla inglesa", quien ha escrito: "por lo que respecta a mi experiencia con artículos de expertos en antropología y sociología, me ha llevado a la conclusión de que el requisito, en mi universidad ideal, de que los trabajos de cada departamento pasen por un profesor de inglés puede causar una revolución en esas materias, si lograba sobrevivir el segundo de ellos". A piece of My Mind, Farrar, Straus and Cudahy, Nueva York, 1956, p. 164

[67] Malcolm Cowley: "Sociological Habit Patterns in Linguistic Transmogrification" en The Reporter, 20 de septiembre de 1956, pp. 41 ss

realmente necesario para vuestro trabajo? Si lo es, no hay nada que hacer; si no lo es, ¿cómo podréis evitarlo?

Me parece que semejante falta de inteligibilidad por lo general tiene poco o nada que ver con la complejidad de la materia y nada en absoluto con la profundidad del pensamiento. Con lo que tiene que ver mucho es con ciertas confusiones del escritor académico sobre su propia posición.

En muchos artículos académicos de hoy, todo el que procure escribir de un modo ampliamente inteligible está expuesto a que se le condene como un "mero literato", o, lo que es aún peor, como un "mero periodista". Quizá habéis aprendido ya que esas frases, tal como comúnmente se las usa, sólo indican esta inferencia ilegítima: superficial porque es ilegible. El académico en los Estados Unidos se esfuerza por llevar una visa intelectual seria en un contexto social que con frecuencia parece estar completamente en contra de él. Su prestigio debe compensar muchos de los valores predominantes que ha sacrificado al elegir una carrera académica. Su deseo de prestigio se asocia fácilmente a la imagen que se ha forjado de sí mismo como "científico". El que se le llame un "mero periodista" le hace sentirse humillado y superficial. Creo que es esta situación la que con frecuencia está en el fondo del complicado vocabulario y de la retorcida manera de hablar y de escribir. Es menos difícil adquirir esa manera que no adquirirla. Se ha convertido en una convención, y quienes no la usan están expuestos a la desaprobación moral. Es posible que sea consecuencia de un "apretar las filas" académico por parte de los mediocres, quienes, muy comprensiblemente, desean eliminar a los que atraen la atención de las personas inteligentes, académicas o no.

Escribir es formular una pretensión a la atención de los lectores. Eso forma parte de todo estilo. Escribir es también pretender para sí por lo menos una posición que amerite ser leído. El joven académico participa muchísimo en ambas pretensiones, y como siente su falta de posición pública, muchas veces antepone el deseo de una posición personal al de atraer la atención de los lectores hacia lo que dice. De hecho, en los Estados Unidos, ni aun los intelectuales más eminentes gozan de gran consideración en círculos y públicos amplios. A este respecto, el caso de la sociología ha sido un caso extremo: en gran parte los hábitos estilísticos sociológicos proceden del tiempo en que los sociólogos gozaban de poco prestigio aun entre los demás académicos. El deseo de prestigio es una razón por la cual el académico cae tan fácilmente en inteligibilidad. Y esto, a su vez, es una razón por la cual no tienen el prestigio que desean. Es un verdadero círculo vicioso del cual todo estudioso puede salir fácilmente.

Para superar la prosa académica tenéis que superar primero la pose académica [68]. Es mucho menos importante estudiar gramática y raíces anglosajonas que esclarecer vuestras respuestas a estas tres preguntas: 1) ¿hasta qué punto es difícil y complicada mi materia? 2) cuando escribo, ¿qué posición es la que deseo para mí? 3) ¿para quién estoy tratando de escribir?

> 1) La respuesta habitual a la primera pregunta es: no tan difícil ni complicada como el modo en que escribís acerca de ella. La prueba de esto está al alcance de la mano en todas partes: lo revela la

---

[68] El autor hace aquí un juego de palabras con la paronomasía prose y pose (N. T.)

facilidad con que pueden traducirse al inglés el 95 por ciento de los libros de ciencia social.[69]

Pero preguntaréis: ¿no necesitamos a veces una terminología técnica?[70] La necesitamos, desde luego; pero "técnica" no significa necesariamente difícil, y de ningún modo quiere decir "jerga". Si esa terminología técnica es realmente necesaria y a la vez clara y precisa, no es difícil usarla en un contexto de inglés claro y hacerlo inteligible para el lector.

Quizá objetaréis que las palabras corrientes del uso común muchas veces están "cargadas" de sentimientos y de valoraciones, y que en consecuencia puede ser preferible evitarlas a favor de palabras nuevas o de términos técnicos. He aquí mi respuesta: es cierto que las palabras corrientes

---

[69] Para algunos ejemplos de ese tipo de traducción, véase supra, capítulo II. Diré de paso que el mejor libro que yo conozco sobre el arte de escribir es The Reader Over Your Shoulder, de Robert Graves y Alan Hodge, Macmillan, Nueva York, 1944. Véanse también los excelentes estudios de Barzun y Graff: The Modern Researcher, ed., cit.,: G. E. Montague: A Writer's Notes on His Trade, Pelican Books, Londres, 1930-1949: y Bonamy Dobrée: Modern Prose Atyle, The Clarendon Prees, Oxford, 1934-50

[70] Quienes entienden el lenguaje matemático mucho mejor que yo me dicen que es preciso, económico, claro. Por eso desconfío yo tanto de muchos investigadores sociales que piden un lugar fundamental para las matemáticas entre los métodos de estudio social, pero que escriben una prosa imprecisa, antieconómica y oscura. Debieran tomar una lección de Paul Lazarsfeld, quien cree en la matemáticas muchísimo, verdaderamente, y cuya prosa revela siempre, aun en un primer borrador, las cualidades matemáticas indicadas. Cuando no puedo entender sus matemáticas sé que se debe a que soy demasiado ignorante; cuando discrepo de lo que escribe en lenguaje no matemático, sé que se debe a que está equivocado, porque uno siempre sabe exactamente qué es lo que dice y, en consecuencia, cuándo se equivoca.

llevan con frecuencia esa carga; pero también la llevan muchos términos técnicos usados en la ciencia social. Escribir con claridad es controlar esas cargas, decir exactamente lo que quiere decirse de tal modo que eso, y sólo eso, sea lo que entiendan los demás. Supongamos que el sentido de vuestras palabras se circunscribe a un círculo de dos metros en el que estáis metidos; supongamos que el sentido comprendido por vuestros lectores es otro círculo igual, en el cual están ellos metidos, es de suponer que esos dos círculos se traslaparán. La extensión del traslapo es la medida en que os comunicáis con los lectores. En el círculo de éstos la parte no traslapada es una zona de significación incontrolada y que ellos completan. En vuestro círculo la parte no traslapada es otra prueba de vuestro fracaso: no habéis logrado haceros comprender. El talento de escribir es hacer que el círculo del lector coincida exactamente con el vuestro, escribir de tal manera, que amoroso estéis dentro del mismo círculo de significación controlada.

Mi primer punto, es, pues, que la mayor parte de la "jerigonza" no tiene relación ninguna con la complejidad de la materia ni de las ideas. Se emplea –creo que casi por completo- para sustentar las propias pretensiones académicas; escribir de ese modo es decirle al lector (estoy seguro de que muchas veces sin saberlo): "sé algo que es muy difícil que puedas entender si primero no aprendes mi difícil lenguaje. Entretanto, no será más que un periodista, un profano o alguna otra especie de tipo subdesarrollado".

2) Para contestar la segunda pregunta, debemos distinguir dos modos de presentar el trabajo de la ciencia social de acuerdo con la idea que el autor tiene de sí mismo y con la voz en que habla. Un modo es consecuencia de la idea de que él es un hombre que puede vociferar, cuchichear o reír entre dientes, pero que siempre está allí. También es claro de qué tipo de hombre se trata: confiado o neurótico, claro o intrincado, es un centro de experiencia y de razonamiento; ahora bien, ha encontrado algo y os está hablando de ello y de cómo lo encontró. Ésta es la voz que está detrás de las mejores exposiciones de que se dispone en idioma inglés.

El otro modo de presentar el trabajo no usa ninguna voz de ningún hombre. Ese modo de escribir no es una "voz" en absoluto. Es un sonido autónomo. Es una prosa manufacturada por una máquina. El que sea una mera jerga no resulta tan notorio como el que es fuertemente amanerada: no sólo es impersonal, es pretensiosamente impersonal. Algunas veces están escritos de este modo los boletines del gobierno. También las cartas de negocios. Y gran parte de la ciencia social. Toda manera de escribir –aparte quizá de la de ciertos verdaderamente grandes estilistas– que no es imaginable como habla humana es una mala manera de escribir.

3) Pero hay, finalmente, la cuestión relativa a quiénes han de oír la voz. El pensar en esto también lleva a características de estilo. Es muy importante para un escritor tener en cuenta precisamente a qué clase de personas trata de hablar, así como lo que realmente piensa de ellas.

No son estas cuestiones fáciles: el contestarlas bien exige tomar decisiones acerca de sí mismo y el conocimiento de los públicos lectores. Escribir es formular la pretensión de ser leído, pero ¿por quién?

Una respuesta la ha sugerido mi colega Lionel Trilling, quien me ha autorizado a publicarla. Debéis suponer que se os ha pedido dar una conferencia sobre una materia que conocéis bien, ante un auditorio de maestros y estudiantes; de todos los departamentos de una universidad importante y de cierto número de personas interesadas que viven en una ciudad cercana. Suponed que ese auditorio está ante vosotros y que tiene derecho a saber; suponed que queréis permitirle saber. Ahora, poneos a escribir.

El investigador social tiene ante sí como escritor cuatro amplias posibilidades. Si se considera a sí mismo como una voz y supone que está hablando a un público como el que he indicado, procurará escribir una prosa legible. Si supone que es una voz pero no sabe nada del público, fácilmente puede caer en desvaríos ininteligibles. Ese individuo hará bien en tener cuidado. Si se considera a sí mismo menos una voz que un agente de un sonido impersonal, entonces –si encuentra a un público– probablemente actuará como en un culto o rito. Si no conociendo su propia voz, no encontrase un público, sino que habla solitariamente para un registro que no lleva nadie, entonces supongo que tendremos que admitir que es un verdadero fabricante de prosa estandarizada: un sonido autónomo en una gran sala vacía. Todo esto es más bien espantoso, como en una novela de Kafka, y debe serlo: hemos hablado poniéndonos en los límites de la razón.

La línea divisoria entre profundidad y palabrería muchas veces es delicada, y hasta peligrosa. Nadie negará el curioso encanto de aquellos que –como en el poemita de Whitman–, al empezar sus estudios, siente tanto agrado y temor en los primeros pasos, que difícilmente acceden a seguir adelante. El lenguaje forma por sí mismo un mundo maravilloso, pero, enmarañados en ese mundo, no debemos tomar la confusión de los comienzos por la profundidad de resultados definitivos. En cuanto miembros de la comunidad académica, debéis consideraros a vosotros mismos como representantes de un lenguaje verdaderamente grande, y debéis esperar de vosotros, y exigíroslo, que cuando habléis o escribáis practiquéis el discurso de un hombre civilizado.

Hay un mínimo punto que se relaciona con la acción recíproca entre el escribir y el pensar. Si escribís únicamente con referencia a lo que Hans Reichenbach ha llamado el "contexto de descubrimiento", seréis comprendidos por muy pocas personas; además tendréis a ser completamente subjetivos en vuestros enunciados. Para hacer más objetivo lo que pensáis, debéis trabajar en el contexto de la presentación. Primeramente, "presentáis" vuestro pensamiento a vosotros mismos, lo cual se llama a veces "esclarecer las ideas". Después, cuando creáis que ya está correcto, lo presentáis a los demás, que muchas veces encuentran que no lo habéis aclarado. Ahora estáis en el "contexto de presentación". Algunas veces advertiréis que el tratar de presentar vuestro pensamiento, lo modificáis, no sólo en su forma y presentación, sino también en su contenido. Tendréis nuevas ideas al trabajar en el contexto de presentación. En suma, se convertirá en un nuevo contexto de descubrimiento, diferente del primero, en un plano más elevado de pensamiento, porque es más socialmente objetivo. Tampoco aquí podéis divorciar vuestro modo de pensar del de escribir. Tenéis que moveros atrás y adelante entre estos dos contextos, y siempre que os mováis es bueno saber a dónde vais.

6

Por lo que llevo dicho comprenderéis que en la práctica nunca "empezáis a trabajar en un proyecto"; ya estáis "trabajando", bien sea en un filón personal, o en los ficheros, o tomando notas o en ocupaciones guiadas por otros. Siguiendo ese modo de vivir y de trabajar, siempre tendréis muchos asuntos sobre los que querríais seguir trabajando. Después de haber decidido tomaros algún "descanso", procuraréis usar todo vuestro archivo, vuestro curiosear por bibliotecas, vuestras conversaciones, vuestras relaciones con personas escogidas, para vuestro tema o asunto. Estáis tratando de formar un pequeño mundo que contenga todos los elementos clave que entren en vuestro trabajo, de poner cada uno en su lugar de un modo sistemático, reajustado constantemente esa trama mediante reelaboraciones de cada una de sus partes. Meramente el vivir en ese mundo construido es saber lo que es necesario: ideas, hechos, ideas, cifras, ideas.

Así descubriréis y describiréis, formando tipos para la ordenación de lo que habéis encontrado, enfocando y organizando la experiencia, distinguiendo los apartados con un nombre. Esta busca de orden os moverá a buscar tipos y tendencias, a encontrar relaciones que pueden ser típicas y causales. En suma, buscaréis el sentido de lo que hayáis encontrado, lo que puede interpretarse como señal visible de algo que no es visible. Haréis un inventario de todo lo que parece implícito en lo que estáis tratando de comprender; lo reduciréis a lo esencial, y después cuidadosa y sistemáticamente, relacionaréis esos apartados entre sí a fin de formar una especie de modelo de trabajo. Y después relacionaréis ese modelo con lo que estéis tratando de explicar. A veces es fácil; otras no lo será tanto.

Pero siempre, entre todos los detalles, buscaréis indicadores que señalen el principal impulso, las formas y tendencias subyacentes del ámbito de la sociedad a mediados del siglo XX. Porque, al fin y al cabo, es esto –la diversidad humana– el asunto de todo lo que escribís.

Pensar es luchar por el orden y a la vez por la comprensión. No debéis dejar de pensar demasiado pronto, o no llegaréis a saber todo lo que debierais; no debéis prolongarlo interminablemente, u os agotaréis. Éste es el dilema, supongo yo, que hace de la reflexión, en los rasos momentos en que se desenvuelve con más o menos éxito, el esfuerzo más apasionante de que es capaz el ser humano.

Quizá sea lo mejor resumir lo que he intentado decir en forma de algunos preceptos y advertencias:

1) Sed buenos artesanos. Huid de todo procedimiento rígido. Sobre todo, desarrollad y usad la imaginación sociológica. Evitad el fetichismo del método y de la técnica. Impulsad la rehabilitación del artesano intelectual sin pretensiones y esforzaros en llegar a serlo vosotros mismos. Que cada individuo sea su propio metodólogo; que cada individuo sea su propio teórico; que la teoría y el método vuelvan a ser parte del ejercicio de un oficio. Defended la primacía del estudio individual. Oponeos al ascendiente de los equipos de investigación formados por técnicos. Sed inteligencias que

afrontan por sí mismas los problemas del hombre y de la sociedad.
2) Evitad el bizantino despropósito de la asociación y disociación de conceptos y la palabrería amanerada. Exigiros a vosotros mismos y exigid a los demás la sencillez del enunciado claro. Usad términos más complicados sólo cuando creáis firmemente que su uso amplía el alcance de vuestros talentos, la precisión de vuestras referencias, la profundidad de vuestro razonamiento. Evitad el empleo de la inteligibilidad como un medio para rehuir la formulación de juicios sobre la sociedad... y como un medio de escapar a los juicios de vuestros lectores y sobre vuestra propia obra.
3) Haced todas las interpretaciones trans-históricas que creáis que necesita vuestro trabajo; ahondad también en minucias sub-históricas. Formulad teorías absolutamente formales y hacer modelos lo mejor que podáis. Examinad en detalle pequeños hechos y sus relaciones, y también grandes acontecimientos únicos. Pero no seáis fanáticos: poned todo ese trabajo, constante y estrechamente, en relación con el plano de la realidad histórica. No supongáis que alguien hará eso por vosotros, en algún momento y en alguna parte. Tomad por tarea vuestra la definición de esa realidad; formulad vuestros problemas de acuerdo con ella; tratad de resolver en su plano esos problemas, resolviendo así las dificultades e inquietudes que implican. Y no escribáis nunca más de tres páginas sin tener presente por lo menos un ejemplo sólido.
4) No os limitéis a estudiar un pequeño ambiente después de otro; estudiad las estructuras sociales en que están organizados los

ambientes. Seleccionad los ambientes que necesitéis estudiar en detalle, en relación con esos estudios de grandes estructuras, y estudiadlos de tal manera que comprendáis la acción recíproca entre medio y estructura. Proceded de un modo análogo en lo que respecta al periodo de tiempo. No seáis menos periodistas, aunque lo seáis muy escrupulosos. Sabed que el periodismo puede ser una gran tarea intelectual, pero sabed también que la vuestra es más grande. Así, pues, no os limitéis a registrar investigaciones diminutas referidas a meros instantes ni a periodos de tiempo muy reducidos. Tomad como tiempo vuestro todo el curso de la historia humana y sitiad dentro de ella las semanas, los años o las épocas que examinéis.

5) Daos cuenta de que vuestro objetivo es la plena comprensión comparativa de las estructuras sociales que han aparecido, que existen ahora en la historia universal. Daos cuenta de que para llevarla a cabo debéis evitar la arbitraria especialización de los departamentos académicos que hoy prevalecen. Especializad vuestro trabajo diversamente, de acuerdo con el asunto, y sobre todo de acuerdo con el problema fundamental. Al formular esos problemas y tratar de resolverlos, no titubeéis, antes procurad aprovechar constante e imaginativamente las perspectivas y los materiales, las ideas y los métodos, de todos y cada uno de los estudios inteligentes sobre los hombres y la sociedad. Ellos son vuestros estudios, ellos forman parte de lo mismo de que formáis parte vosotros. No permitáis que os lo quiten quienes desean envolverlos en una

jerga misteriosa con pretensiones de lenguaje de expertos.

6) Mantened siempre abiertos los ojos a la imagen del hombre –a la noción genérica de su naturaleza humana– que dais por supuesta con vuestro trabajo; y lo mismo a la imagen de la historia –a vuestra idea de cómo se está haciendo la historia. En una palabra, trabajad y revisad constantemente vuestras opiniones sobre los problemas de la historia, los problemas de la biografía y los problemas de estructura social en que se cortan la biografía y la historia. Mantened los ojos abiertos a las diversidades de la individualidad y a los modos como ocurren en cada época los cambios. Emplead lo que veis y lo que imagináis como guías para vuestro estudio de la diversidad humana.

7) Sabed que heredáis y continuáis la tradición del análisis social clásico; procurad, pues, comprender al hombre no como un fragmento aislado, no como un campo o un sistema inteligible en y por sí mismo. Procurad comprender a los hombres y las mujeres como actores históricos y sociales, y las maneras en que la diversidad de hombres y mujeres son intrincadamente seleccionados e intrincadamente formados por la diversidad de sociedades humanas. Antes de dar por terminado un trabajo orientadlo, aunque sea muy indirectamente en ciertos casos, hacia la tarea central e incesante de comprender la estructura y la tendencia, la forma y el sentido de vuestra propia época, el terrible y magnífico mundo de la sociedad humana en la segunda mitad del siglo XX.

8) No permitáis que las cuestiones públicas, tal como son formuladas oficialmente, ni las

inquietudes tal como son privadamente sentidas, determinen los problemas que escogéis para estudiarlos. Sobre todo, no renunciéis a vuestra autonomía moral y política aceptando en los términos de cualquier otra persona la practicidad antiliberal del ethos burocrático ni la practicidad liberal de la dispersión moral. Sabed que muchas inquietudes personales no pueden ser tratadas como meras inquietudes personales, sino que deben interpretarse en relación con las cuestiones públicas y en relación con los problemas de la realización de la historia. Sabed que el sentido humano de las cuestiones públicas debe revelarse relacionándolas con las inquietudes personales y con los problemas de la vida individual. Sabed que los problemas de la ciencia social, cuando se formulan adecuadamente, deben comprender inquietudes personales y cuestiones públicas, biografía e historia, y el ámbito de sus intrincadas relaciones. Dentro de ese ámbito ocurre la vida del individuo y la actividad de las sociedades; y dentro de ese ámbito tiene la imaginación sociológica su oportunidad para diferenciar la calidad de la vida humana en nuestro tiempo.

La planificación de un proyecto

Si ya ha repasado ligeramente este libro una vez, está listo para iniciar su proyecto. Pero antes de dirigirse a la biblioteca, debe hacer una planificación cuidadosa. Si la tarea asignada formula una pregunta y especifica cada paso del proyecto, vuelva a examinar rápidamente los dos próximos capítulos, siga las instrucciones de su tarea y luego vaya a la parte III antes de comenzar a escribir el borrador. Si, en cambio, debe planificar su propia investigación, incluso encontrar su propio tema, podría sentirse desalentado. Pero la tarea es controlable si la desarrolla paso a paso.

Ninguna única fórmula puede guiar la investigación de todo el mundo: ha de pasar algún tiempo buscando y leyendo tan sólo para descubrir dónde está y a dónde va; pasará algún tiempo también en callejones sin salida, y aprenderá más de lo que su ensayo requiere. Al final, sin embargo, ese trabajo extra dará sus frutos, no sólo en forma de un buen ensayo, sino también por su capacidad para tratar nuevos problemas de un modo más efectivo.

Cuando comience, prevea que deberá dar los siguientes primeros pasos:

- Debe optar por un tema que sea lo suficientemente específico como para permitirle dominar una cantidad razonable de información: no "la historia de la redacción científica", sino "los ensayos en los Proceedings of the Royal Society (1800-

1900) como precursores del artículo científico moderno".

- A partir de este tema, debe desarrollar preguntas que lo guiarán en su investigación y le señalarán un problema que intentará resolver.
- Debe recolectar datos relevantes para responder su pregunta. Cuando haya recogido datos que respondan la mayoría de sus preguntas, entonces, por supuesto, debe darles la forma de una argumentación y escribir un borrador de la misma.

Mientras recoge, organiza y reúne la información, planee escribir mucho. Gran parte del escrito estará constituido simplemente por las notas que registran lo que ha encontrado, pero también debería incluir "escribir para comprender": esquemas, diagramas de cómo se relacionan hechos aparentemente dispares, resúmenes de fuentes, "posiciones" y "escuelas", lista de puntos relacionados, discrepancias con lo que leyó, etc. Aunque poco de esta escritura preliminar llegará a su borrador final, es importante que lo haga porque escribir acerca de las fuentes sobre la marcha le ayuda a comprender mejor y estimula su propio pensamiento crítico. También le ayudará cuando comience el primer borrador.

Descubrirá rápidamente que no puede dar todos estos pasos en el mismo orden exacto en que los presentamos. Se encontrará escribiendo un borrador de un resumen antes de haber recolectado todos los datos; comenzará a formular una argumentación antes de tener todos los hechos, y cuando crea que tiene un argumento que vale la pena desarrollar, podría descubrir que debe volver a la biblioteca en busca de más pruebas. Podría incluso encontrar que debe volver a pensar las preguntas que formuló. Investigar no es un proceso en el cual uno puede moverse de aquí allá de una manera lineal y prolija. No obstante, aunque su progreso no sea directo, se sentirá más confiado de su avance si puede comprender y controlar los componentes del proceso.

¿Cuáles son sus datos?

Sin importar cuál sea su disciplina, todos los investigadores elaboran información como evidencia para apoyar sus afirmaciones. Sin embargo, investigadores de diferentes disciplinas tienen distintos nombres para los hechos. Como la denominación más común es datos, emplearemos este término para hacer referencia a cualquier tipo de información utilizada en diferentes campos. Tenga presente que al emplear la palabra datos queremos decir bastante más que la información cuantitativa común en las ciencias naturales y sociales, aun cuando el término pueda sonar discordante a los oídos de los investigadores en humanidades.

Límites del dispositivo y de su empleo

La entrevista de investigación se inscribe en el amplio conjunto de los comportamientos verbales que D. H. Hymes (1968) denomina "speech events"; acontecimientos de la palabra que este autor define clásicamente a través de sus siete elementos (remitente, destinatario, mensaje, canal, código, contenido y situación). El término speech events se aplica a unas situaciones muy diversas: "conferencias", "conversación en un bar", "tratamiento psicoanalítico", etc.; cada una implica unas diferentes características de sus elementos.

En este conjunto la entrevista de investigación pertenece a un subconjunto que comprende todo lo que llamaremos "entrevista" y de la que damos la siguiente definición (Labov y Fanshel, 1977).

Una entrevista es un speech event en el que una persona A extrae una información de una persona B, información que se hallaba contenida en la biografía de B.

El término biografía significa aquí el conjunto de las representaciones asociadas a los acontecimientos vividos por B.

Esta última característica, esencial, significa para Labov y Fanshel (1977) que la información ha sido experimentada y absorbida por B y, por tanto, que será proporcionada con una deformación (orientación e interpretación) significativa de la experiencia de B.

Por el contrario, si B es testigo de un acontecimiento y comunica al mismo tiempo a A unas informaciones que desea poseer A sobre este acontecimiento, el speech event así definido no pertenece al subconjunto de las entrevistas. En efecto, según Labov y Fanshel (1977), la información obtenida de ese modo no está contenida en la biografía de B, es simplemente transmitida sin haber sido "digerida".

La "subjetividad" del producto informativo generado es una propiedad de las entrevistas. Esta propiedad se aplica a todos los géneros de entrevista, ya se trate de un interrogatorio de la policía, de la confesión o del cuestionario de investigación.

En todos estos casos se observa que la información extraída por A no es idéntica a la información dada por B. La operación de extracción supone una actividad de análisis y de interpretación por parte de A.

Pero todas las entrevistas se diferencian según que sean A o B los iniciadores y beneficiarios de la situación:

a) Si A tiene la iniciativa del encuentro con B y es el que más se beneficia de ello: se trata de entrevistas efectuadas por entrevistadores cuyo oficio consiste en extraer una información de sus interlocutores para explotarla con fines externos a la situación; éstas son "interviús": entrevistas periodísticas, interrogatorios de la policía, cuestionarios que siguen un modelo, entrevistas de investigación, etc.

b) Si B tiene la iniciativa del encuentro con A y es quien se beneficia principalmente (por esto B remunera directa o indirectamente a A), se trata de "consultas": entrevistas médicas, legales, denuncias a la policía, entrevistas terapéuticas, confesiones, etc.

La entrevista de investigación pertenece, pues, al conjunto de las interviús, pero en este conjunto constituye con el cuestionario un subconjunto de las interviús empleadas con fines de investigación, es decir, inscritas como elementos metodológicos en una trayectoria científica.

Dentro de este último subconjunto, la entrevista de investigación se diferencia del cuestionario.

1. El cuestionario consiste en una serie de preguntas redactadas de antemano y estrictamente formuladas por A; produce una serie de respuestas que forman un discurso fragmentado no lineal.
2. La entrevista de investigación se orienta hacia la producción por parte de B de un discurso continuo acerca de un tema determinado, lo que sólo es posible si A se abstiene de plantear sus preguntas. Pero esta función de producción de un discurso lineal caracteriza igualmente a la entrevista terapéutica que se emparenta con el conjunto de las llamadas situaciones "de consulta".

Este parentesco próximo (entrevista terapéutica-investigación) suscita unas tentaciones de deslizamiento práctico y conceptual que tienen como efecto ocultar la solución real de continuidad que distingue a las dos situaciones. La confusión se origina, por ejemplo, frecuentemente so capa de la denominación "entrevista clínica".

Esta denominación califica a una práctica de entrevista que pretende ser mitad terapéutica, mitad investigación; el objetivo consiste entonces en hacer emerger, gracias a la coloración "terapéutica" de la actitud del entrevistador, unos contenidos temáticos que afectan a la intimidad, a "pensamientos privados"; "fantasías preconscientes", etc., que son utilizados después como datos para sostener una perspectiva de investigación. Pero la existencia de estas posibilidades de desplazamiento entre la entrevista terapéutica y la entrevista de investigación resulta discutible no solo porque, a ejemplo de Labov y Fanshel (1977), las hemos colocado en distintos subconjuntos de situación, sino sobre todo porque distinguen a las dos prácticas unos objetivos radicalmente diferentes uno del otro y excluyentes.

1. La entrevista de investigación pretende llegar al conocimiento objetivamente de un problema, aunque sea subjetivo, a través de la construcción del discurso; se trata de una de las operaciones de elaboración de un saber socialmente comunicable y discutible.
2. La entrevista terapéutica tiene un propósito casi opuesto; favorece, a través de la construcción de un discurso, la constitución de un saber privado, poco comunicable, gracias a la disposición y al juego de relaciones imaginarias respecto del terapeuta. El dispositivo terapéutico del terapeuta descansa en la ausencia de un proyecto de sentido identificable como tal por el paciente. Éste se ve conducido a buscar el sentido de su discurso en las respuestas que le supone. Este trabajo de construcción es llevado a cabo en un tipo de contrato específico de comunicación:

    "La comunicación psicoanalítica tiene como efecto describir el móvil del acto de palabra por la intención del acto del lenguaje" (Widlöcher, 1986, p. 32).

Esto sólo es posible si se excluye cualquier tipo de duplicidad del terapeuta (que no dejaría de tener efectos perversos), con la garantía fundamental para el paciente de que su discurso no será "objeto" de conocimiento.

Resulta, pues, que la entrevista de investigación y la entrevista terapéutica corresponden a dos situaciones de intercambio oral que debe ser estrictamente diferenciadas, sin lo cual la investigación crearía confusión y ausencia de sentido.

En resumen, definimos empíricamente la entrevista de investigación como una entrevista entre dos personas, un entrevistador y un entrevistado, dirigida y registrada por el entrevistador; éste último tiene como objetivo favorecer la producción de un discurso lineal del entrevistado sobre un tema definido en el marco de una investigación. La entrevista de investigación es, pues, utilizada para estudiar los hechos de los que la palabra es el vector:
- estudios de acciones pasadas (enfoque biográfico, constitución de archivos orales, análisis retrospectivo de la acción, etc.);
- estudio de las representaciones sociales (sistemas de normas y de valores, saberes sociales, representación de objeto, etc.);
- estudio del funcionamiento y de la organización psíquica (diagnóstico, investigación clínica, etc.).

La entrevista de investigación puede ser también empleada para estudiar el propio hecho de la palabra (mecanismo de persuasión, argumentación, de modalización, etc.)

Por los caminos de la investigación: un enfoque constructivista
se terminó de editar en octubre de 2018
en el Instituto Superior de Investigación en Ciencias de la
Educación, A. C.
Calle Miguel Hidalgo 808-A, Zona Centro
92200 Chontla, Veracruz, México.

isice73@gmail.com

www.ingramcontent.com/pod-product-compliance
Lightning Source LLC
Chambersburg PA
CBHW031918240526
45464CB00021B/234